Práctica del torneado de la madera

AF822750

Práctica del torneado de la madera

Gordon Stokes

ediciones ceac

Perú, 164 - 08020 Barcelona - España

No se permite la reproducción total o parcial de este libro, ni el registro en un sistema informático, ni la transmisión bajo cualquier forma o a través de cualquier medio, ya sea electrónico, mecánico, por fotocopia, por grabación o por otros métodos, sin el permiso previo y por escrito de los titulares del Copyright.

Ilustración cubierta:
Fotografía M. Figuerola

por gentileza de

Tornería artesana en madera
de J. CARULLA
Barcelona

Traducción autorizada de la obra:
MODERN WOOD TURNING

Editado en lengua inglesa por
Evans Brothers Limited, London

© GORDON STOKES, 1973

ISBN: 0-237-35245-1

© EDICIONES CEAC, S.A.
Perú, 164 - 08020 Barcelona (España)

4ª edición: Octubre 1989
ISBN 84-329-7510-9
Depósito Legal: B.36.317-1989

Impreso por: PURESA, S.A.
c/ Gerona, 139 - 08203 Sabadell

Impreso en España
Printed in Spain

Contenido

Prólogo

Gordon Stokes tiene el extraño don de no ser solamente un artesano, sino alguien que es capaz de transmitir sus conocimientos por medio de las palabras, y los hombres así son verdaderamente poco frecuentes. Escribe, además, con un estilo llano que hace que la explicación de una técnica complicada resulte de una sencillez absoluta.

En tiempos medievales solían llamarse «misterios» a algunos oficios como la tornería y la talla de la madera, y se guardaba celosamente el secreto de sus materiales y métodos.

Ello era indudablemente necesario en una época en la que el que no trabajaba moría de hambre, pero asombra descubrir que, todavía hoy, personas que debieran estar mejor preparadas que las de entonces, sigan rodeando sus oficios de una mística destinada a dejar fuera a los de fuera. Así es como conservan una hermética jerga del oficio, con el fin de tener a raya a los intrusos y a restringir a unos pocos la difusión del conocimiento.

En este libro no hay mística ni misterios. El propósito evidente del autor es el de conducir al lector en un viaje por todos los materiales, las técnicas y los trucos del oficio, para que no solamente adquiera cierta práctica, sino que llegue a dominarlo por completo.

Han pasado ya algunos años desde que Gordon Stokes envió sus primeros artículos a *Woodworker,* y desde entonces se ha ido labrando una sólida reputación, no sólo como tornero de madera, sino también en el terreno del trabajo a máquina de la misma y de las técnicas mecánicas respectivas.

Este libro es, pues, un manual que debe estar presente en la librería del taller de todos cuantos aspiren a hacerse torneros. Léanlo y releánlo detenidamente, teniendo siempre presentes dos cosas en las que él insiste una y otra vez: cómprense el mejor equipo que puedan pagar y tómense el tiempo que necesiten para aprender concienzudamente.

Si se combinan las buenas herramientas con la paciencia y con este libro, se puede llegar a ser un buen tornero, con todo el placer y la satisfacción que de ello derivan.

V. J. Taylor
Director de la revista *Woodworker*

Introducción

Este libro ha sido escrito para el joven o el adulto que se dispongan a emprender el largo camino que les lleve a ser torneros en madera, en el sentido estricto de la expresión. Espero que sirva para allanarles algunos de los escollos que en ese camino se les presenten, permitiéndoles aprender las técnicas correctas, y obtener simultáneamente satisfacción y placer con este pasatiempo. Por desgracia, el inexperto suele tender a hacer las cosas de la manera aparentemente más fácil, en lugar de escoger la correcta. Sin embargo, por mucho esfuerzo que haya que realizar, valdrá la pena, porque la satisfacción de manejar las herramientas con verdadera destreza, llenando el taller de montones de virutas, y ver cómo se van haciendo formas como por arte de magia logrando un buen acabado sólo con los utensilios cortantes, hay que haberla vivido para saber apreciarla.

Haciendo demostraciones y exhibiciones de tornería en madera en muchas partes de la Gran Bretaña y del extranjero, he podido trazarme un panorama claro de los problemas de los que debo tratar. En gran parte, este libro ha sido escrito como respuesta a las preguntas de los espectadores de esas exhibiciones y de los que me escriben desde muchas partes del mundo. Dada mi familiaridad con los obstáculos que pueden presentarse al principiante, creo que tendrá su valor.

Existen dos métodos de dar forma a la madera en el torno; uno de ellos requiere capacidad y destreza manual considerables, mientras que el otro sólo una inteligencia mediana. El primero, que es el correcto, consta de unas técnicas de corte que deben hacerse con las herramientas apropiadas, debidamente afiladas y correctamente aplicadas al trabajo. Con él se consigue una superficie casi perfecta, que requerirá pocos materiales abrasivos. El otro consiste en raspar la madera de cualquier manera; quien quede satisfecho con él no tiene necesidad de este libro ni de ningún otro. Los métodos de raspado sólo son admisibles cuando los de cortado resulten difíciles o peligrosos. Esto hay que tenerlo en cuenta desde el comienzo. Usar herramientas raspadoras cuando no pueden emplearse las cortadoras es una cosa, pero es inadmisible usarlas como herramientas de corte.

El mayor de los temores de quienes se acercan por primera vez a la tornería es que, al hundirse las herramientas en la madera que gira vertiginosamente, se pueda producir algún accidente. Es claro que eso puede ocurrir si las herramientas que se utilizan no tienen la forma apropiada o si se las maneja incorrectamente; pero el principiante comprenderá que eso es fácil de evitar. Si se siguen atentamente las instrucciones que este libro contiene, no habrá peligro alguno, y los progresos serán rápidos. No hay cosa que merezca la pena si no contiene un reto, y el empleo de las herramientas raspadoras no representa desafío alguno, excepto para los que no tienen verdaderas aptitudes y se conforman con poco.

Las herramientas raspadoras, así como las técnicas de raspado, deben tomarse en consideración en tanto resulten útiles para el tornero consumado, pero sólo como último recurso y nunca como el camino más fácil y rápido hacia la tornería. Fabricarse raspadores con limas viejas, ocupación que parece fascinante para ciertas personas, es algo que también se analizará aquí de pasada; pero un banco de carpintero cubierto de limas viejas no es señal, que digamos, de verdadera artesanía.

Deliberadamente he evitado destinar espacio a los orígenes y la evolución del torno, porque es algo que se ha hecho con demasiada frecuencia, y cualquiera que esté interesado en ambas cosas podrá averiguarlas en cualquier biblioteca. Este no es un libro de historia, así que bastará decir que la tornería en madera es muy antigua, por lo que, quien llegue a ser un buen artesano en su torno es merecedor de todo encomio. Muchísimos de los grandes artesanos de nuestro país han muerto ya, pero afortunadamente es poco probable que el arte de la tornería tenga el mismo destino. La máquina le ayudará poco; se limitará a sostener la madera en una posición fija y a hacerla rotar a una velocidad determinada previamente. La forma la creará su imaginación y llegará a ella por su capacidad y destreza. Si, como es mi mayor deseo, llega a dominar el manejo de las herramientas cortantes, participará de una de las aficiones más satisfactorias y absorbentes que existen. No es tan difícil como muchos creen. Al final triunfarán la paciencia y la perseverancia. Y cuando las cosas resulten mal, como seguramente sucederá en ocasiones, no se limite a tirar, despechado, el trozo de madera: averigüe por qué ocurrió así.

Como he tenido que hacer por mí mismo el trabajo de fotografía, quiero agradecer a John Worthington su asesoramiento, y a Brian Cox el haberme facilitado el acceso a su laboratorio en una época en que yo carecía de él.

Uno

Cuando en este libro se habla de tornos para madera, se hace referencia a toda su gama, desde los pequeños, movidos por un taladro eléctrico, hasta los de 1,80 a 2 m de longitud, impulsados por motores de un caballo a uno y medio. El interés por los tornos suele despertarse mirando trabajar a los profesionales, o a los que ofrecen exhibiciones, o al verlos expuestos en las ferreterías. Por ello, suele tenerse la impresión inicial de que, desde el principio, se necesita una máquina de gran tamaño y una amplia variedad de herramientas. Nada es menos cierto. Con los pequeños tornos movidos por taladros eléctricos y unas pocas herramientas, pueden lograrse muy buenos resultados. En realidad, el exceso de herramientas puede ser más una molestia que una ayuda, a menos que se tenga un conocimiento cabal de sus verdaderas utilidades.

Para las ilustraciones del libro me he valido de mi torno, que es un Coronet Major; las máquinas modernas son muy similares en lo básico. Las partes importantes del torno son el motor y la transmisión, el cabezal, de arrastre y la contrapunta, la bancada, los carros para los soportes de los apoyos de las herramientas, estos mismos apoyos, los puntos del cabezal y contrapunta y, desde luego, las patas, que mantienen la bancada del torno separada del banco.

El alma del torno es el cabezal de arrastre (Fig. 1), y el tamaño y calidad de su cojinete influyen en gran medida en la calidad del trabajo. Para realizar una tarea seria es imprescindible contar con un cojinete ajustable que sea realmente de primera calidad. Tiene que soportar gran tensión en el tope y girar centrado en todo momento, de suerte que importa que su ajuste sea fácil y sencillo, con el fin de poder corregir el desgaste. Hay que evitar cualquier modelo de torno en el que el movimiento se imprima directamente por el extremo del eje del motor, salvo que se trate de trabajos de puro pasatiempo. En el torno que muestran las fotografías se puede

Pequeño plato de tornillo para madera ajustable

ver que el cojinete del cabezal es verdaderamente robusto, con un orificio para aceitarlo en la parte superior, y que el eje descansa por el otro extremo en un cojinete más pequeño.

En este caso, el cojinete es de bronce fosforado y forma cónica (Fig. 2); dos anillos almenados roscados en el soporte del cojinete, permiten ajustar éste, apretándolo contra el cono del husillo. Con estos dispositivos no es excusable trabajar con el husillo flojo, porque puede rectificarse el ajuste en pocos minutos. El cojinete que soporta el otro extremo del husillo es de rodillos, inalterable y no precisa atención. En condiciones normales, un cojinete principal de este tipo se calienta bastante al trabajar, lo que no debe preocupar. Una cosa que conviene señalar aquí es que estos cojinetes tienen una chaveta interior, la cual, en caso de desarmarlo, debe volver a ponerse luego en el sitio apropiado.

El torno que aquí se exhibe es una máquina universal; el extremo izquierdo de su husillo admite el montaje de sierras circu-

Fig. 1

Fig. 2

Fig. 3

Fig. 4

Fig. 1 Recio cabezal de arrastre del torno *Coronet Major*. Se ve a la derecha el gran cojinete ajustable, con engrasador en su parte superior; la polea triple, para distintas velocidades, y la tuerca y arandelas en el extremo izquierdo del eje para montar sierras circulares y otros accesorios.

Fig. 2 El cojinete de bronce fosforado y su eje, desmontados. Nótense, en el cojinete, el chavetero y, en el eje, el cono que se ajusta al cono interior del cojinete.

Fig. 3 Detalle que muestra cómo está montado el cabezal de arrastre para poder tornear piezas de gran diámetro. Véase también el pasador de guía, de cabeza cuadrada, y en la parte inferior de la foto la gran tuerca que fija al cabezal en la posición que se desee.

Fig. 4 Aquí se ve cómo se puede hacer girar todo el cabezal de arrastre, para que el mandril del torno quede en ángulo recto con la barra de la bancada. También pueden dársele posiciones intermedias.

ares, lijadoras, etc., y lleva una rosca a zquierdas que se aprieta por sí misma al rabajar. Sin embargo, si se usa la máquina sólo como torno, conviene montar en ese extremo derecho una piedra para afiar. El husillo tiene también, en su extremo derecho, que es el correspondiente al mandril, una rosca exterior y un cono Morse n.° 1 interior. Estos sirven, como veremos, para montar los distintos accesorios.

Dado que la distancia entre el punto del cabezal y la bancada es de 11,25 cm, se presenta un problema a la hora de trabajar objetos de gran diámetro. En esta máquina la dificultad se elimina merced a un ingenioso sistema: la base del cabezal está dividida por un plano horizontal, figura 3, y se hace girar mediante un perno que atraviesa la bancada y se sujeta con una tuerca, como muestra la figura 4. Para que se pueda volver a montar con precisión, el cabezal está provisto de un pequeño fijo cónico, y el torno puede prepararse en pocos instantes, para tornear diámetros grandes.

La unidad de tracción es un motor de inducción de un caballo, completamente blindado, y montado sobre una plataforma, detrás del cabezal de arrastre, como se ve en la figura 5. Los motores de este tipo son eléctricamente silenciosos y no producen interferencias en la radio o la televisión, por carecer de escobillas. La transmisión se realiza por medio de una correa trapezoidal, con una triple polea que determina velocidades aproximadas de 1.000, 3.000 y 4.000 revoluciones por minuto.

La contrapunta, figura 6, tiene que ser muy robusta y estar construida con precisión. Lo mismo que los carros para los apoyos de las herramientas, debe deslizarse libremente por la barra de la bancada, aunque, cuando la máquina es nueva, cabe esperar que resulte un poco duro de desplazar. Está formado por un armazón de acero fundido que contiene un vástago deslizante que puede hacerse salir o entrar

Fig. 5

Fig. 6

Fig. 5 El motor montado en su plataforma. Puede desplazarse atrás y adelante, para ajustar la tensión de la correa. También se ve con bastante claridad la caja de engranajes, con sus dos palanquitas de control.

Fig. 6 Contrapunta del torno, equipada con punto giratorio. Véase, encima de la armazón, la palanca de cierre, que asegura el vástago en cualquier posición, y asimismo la gran palanca de fijación, más abajo y detrás, que sujeta la contrapunta a la barra de la bancada. En la parte inferior de la foto, el fiador con muelle que permite bascular el conjunto para retirarlo del paso en caso necesario.

Fig. 7 Detalle del carro, en el que se ve la ranura en T de la parte superior, y debajo el fiador con muelle, dotado de un pequeño fijo cónico que encaja en la ranura de la barra de bancada. Esta ranura se ve a la izquierda de la foto.

girando un volante de mano. Este vástago tiene un agujero en cono Morse al cual se acoplan los puntos y los distintos accesorios, estos salen por sí mismos cuando se hace girar el volante y retrocede el vástago. Bajo la contrapunta hay una palanca de cierre que permite fijar la contrapunta en cualquier posición deseada a lo largo de la bancada; la firmeza de esta fijación debe comprobarse siempre antes de ponerse en marcha la máquina con un trabajo entre puntos.

Los carros del torno son, de hecho, pequeñas plataformas deslizantes que tienen palancas de fijación similares a la de la contrapunta. En la parte superior tienen ranuras de sección en T invertida, por las que pasan las cabezas cuadradas de los pernos de fijación de los soportes de los apoyos para las herramientas o los utilajes.

Los soportes de los apoyos reciben los vástagos de los apoyos, figura 8, y tienen pequeñas palancas de fijación para mantenerlos sujetos a una altura dada; están ranurados a lo largo de su pata de fijación para facilitar la colocación de los apoyos en relación con el trabajo. Los apoyos en si son objeto de largas controversias, y se fabrican de todas las formas, menos de la que sería ideal (Fig. 9), por lo que realmente no se sabe dónde tienen la cabeza los fabricantes. Así que, si se quiere tener u buen apoyo, lo mejor, como en mi caso, e mandarlo fabricar de encargo, teniendo l precaución de que sea lo bastante recio rígido, porque cualquier vibración de est artilugio puede afectar el trabajo y, si e demasiado intensa, provocar accidentes.

La mayoría de los tornos vienen provisto de fábrica de un punto con dos uñas (tre puntos), que se aplica al cabezal de arras tre, como el de la figura 11. Resulta apro piado para la mayoría de los trabajos d tornería, pero el de cuatro uñas (cinc puntos) (Fig. 12) es mejor para varillas del gadas de madera blanda, dado que la ac ción de cuña que ejerce el otro, puede par tir la madera, a causa de la presión qu ejerce la contrapunta. Los fabricantes sue len suministrar un punto fijo para la con trapunta (Fig. 13), pero resulta un anacro nismo y yo nunca los uso. Este tipo d punto se mantiene inmóvil mientras l madera gira en torno de él, de suerte qu hay que aplicarle aceite o grasa, y ajustar lo periódicamente, a medida que el mate rial se desgasta. De no hacerlo así, la ma dera puede descentrarse y arruinarse e trabajo, pudiéndose llegar al extremo de que la pieza trabajada salte del torno.

Los antiguos libros de tornería suelen re comendar que la bancada de la máquina sea de madera, dado que la elasticidad inerente a este material permite que el unto de la contrapunta se mantenga empre en posición; pero en la actualidad e pueden conseguir puntos giratorios ig. 14), provistos de cojinetes de bolas, ue giran con el trabajo. Cuando se cuenta on un punto de este tipo, se puede ajusar fuertemente la pieza de madera, flojándola luego un poco para aliviar la resión, y fijar el cabezal en esa posición. a no hace falta aplicar aceite ni grasa, ni olver a ajustar durante el torneado. Asiismo, se consiguen puntos en forma de opa o de anillo (Fig. 15), que evitan el eligro de que la pieza se parta cuando es elgada; también son útiles a la hora de racticar agujeros a la pieza torneada, coo explicaré más adelante (véase págia 80).

a bancada del torno debe ser recia y rígia. La que muestra la figura 16 es una bara maciza de acero, con una ranura a todo o largo para recibir los fiadores presionaos por muelles con que están equipados a contrapunta y los carros para su posiionamiento rápido y preciso. La bancada ebe mantenerse constantemente limpia sin óxido, precisamente para facilitar el

Fig. 8

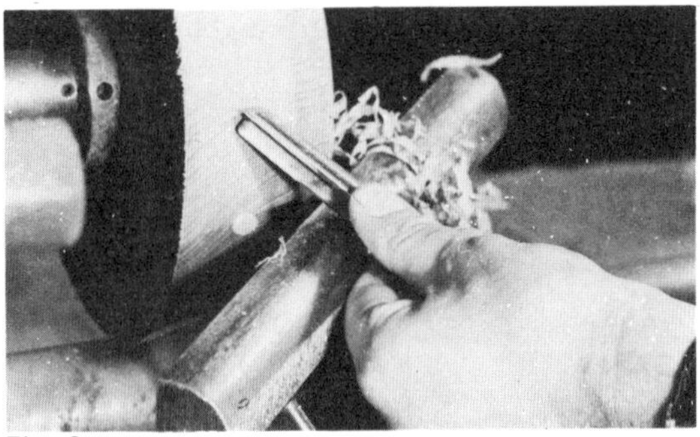

Fig. 9

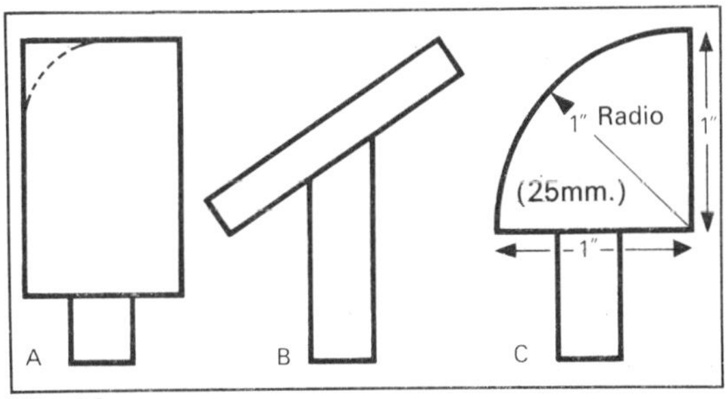

Fig. 10

Fig. 11

ig. 8 Carro del torno, con el soporte para el poyo y este último montado en él. El perno ue sujeta el soporte tiene una cabeza uadrada que se desliza en la ranura en T del arro. Nótese también la pequeña palanca de ierre que permite fijar el apoyo a la altura legida.

ig. 9 Aquí se ve la forma ideal de apoyo. Actualmente no los hay en el comercio, pero son sencillos de hacer. Puede verse que, en un apoyo de este tipo, cualquiera sea la situación de la herramienta, siempre ofrece la misma sensación al tacto del tornero.

Fig. 10 Croquis de secciones de apoyos. **A)** malo: amuélese como indica la línea de puntos; **B)** malo; **C)** forma ideal.

Fig. 11 Cabezal de arrastre, donde se ve el punto dotado de dos uñas, con protector de rosca y extractor del punto, un adminículo útil.

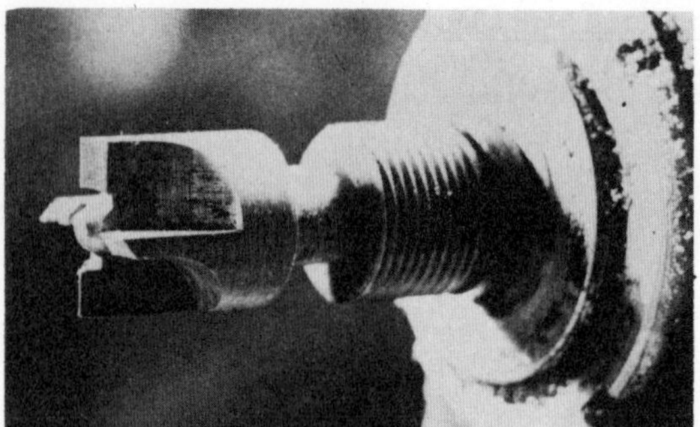

Fig. 12

Fig. 13

Fig. 14

Fig. 15

deslizamiento de la contrapunta y los ca rros. En los extremos, tiene sendas pata triangulares, con perforaciones para ase gurarla mediante pernos al banco o al ar mario especial que se compre.

Digamos ahora algunas palabras acerc de la velocidad del torno, que parece se una de las preocupaciones principales d los principiantes. El mejor consejo qu puedo darles es que empleen la velocida más lenta, compatible con una buena eli minación de la viruta y un buen acabad de la superficie. Esto depende, en ciert medida, del tipo de torno que se use, per cabe prever que una velocidad de 1.00 rpm, poco más o menos, es satisfactori para casi cualquier tipo de trabajo de tor neado entre puntos; para piezas peque ñas, o para trabajos de pulido y de acaba do final, puede llegarse a las 3.000 rpm No conviene que, a este respecto, el prin cipiante se empantane en un cúmulo d teoría, toda vez que el control de la veloci dad del torno es, en realidad, muy limita do. Las velocidades expresadas en revolu ciones por minuto sólo tienen sentido er relación con el diámetro de la pieza, el cua puede variar considerablemente, por no recordar el hecho de que la velocidad va

Fig. 12 Punto de arrastre de cuatro uñas, que se usa para sostener piezas delgadas y de madera blanda. Nótese que, en éste, la punta ha quedado roma por el uso, y hay que volver a afilarla.

Fig. 13 Punto fijo colocado en la contrapunta. Es una pieza maciza de metal que se mantiene quieta mientras la madera gira en torno de ella; por ello no es recomendable usarla.

Fig. 14 Punto giratorio, dotado de cojinetes de bolas. Esta pieza gira junto con la madera, de suerte que no es necesario lubricar ni volver a ajustarlo durante el trabajo. Es una pieza muy útil, aunque relativamente costosa.

Fig. 15 Un punto en forma de copa o anillo. Véase la pequeña punta, en su centro. Es un adminículo muy útil para maderas que puedan partirse, y se usa también para practicar perforaciones en las piezas torneadas.

disminuyendo a medida que trabaja la herramienta cortante. Lo que realmente importa es la velocidad periférica, esto es, la de un punto determinado de la pieza, expresado en metros por minuto. Esta es prácticamente imposible de establecer en un trabajo más o menos complicado, de suerte que le aconsejo que se olvide del asunto. No conviene la velocidad excesiva, porque recalienta el filo de la herramienta e impide que ésta «muerda» bien en la madera; por el contrario, la velocidad insuficiente no permite un buen acabado. Yo empecé a trabajar con un torno de pedal, cuando era muchacho —hace ya mucho de eso—, y supongo que quien se valga de una máquina de este tipo puede ir variando la velocidad a voluntad, pero de lo que estoy seguro es de que nunca supe qué velocidad le imprimía en un momento dado.

A veces suelo usar un torno movido por un taladro eléctrico, como el de la figura 17. Tiene la ventaja de la velocidad variable, que se controla en el taladro. Con frecuencia se habla de estos aparatos con ironía y menosprecio, lo cual es lamentable, y a menudo me pregunto si los que los critican los han usado alguna vez, o si son siquiera capaces de hacerlo. Yo he visto trabajos excelentes realizados con ellos y, habida cuenta de sus evidentes limitaciones, constituyen una buena iniciación en el oficio. Gozan de gran aceptación entre las mujeres que aspiran a ser torneras, y algunos alumnos míos los han comprado, pasándose más tarde a máquinas mayores.

La mayoría de los tornos que se fabrican en la actualidad para los aficionados tienen una distancia entre puntos de hasta 762 mm, aunque a los fabricantes suelen pedírseles barras de bancada de hasta 1,80 y 2,10 m de longitud. Esto no tiene mayor sentido, toda vez que una pieza de esas dimensiones vibrará constantemente, a menos que se trate de piezas de gran diámetro. Mucho mejor, cuando se quieran hacer piezas de gran longitud, como

Fig. 16 Barra de bancada de acero macizo. Se ve la ranura en donde encajan los fiadores de muelle de la contrapunta y los carros.

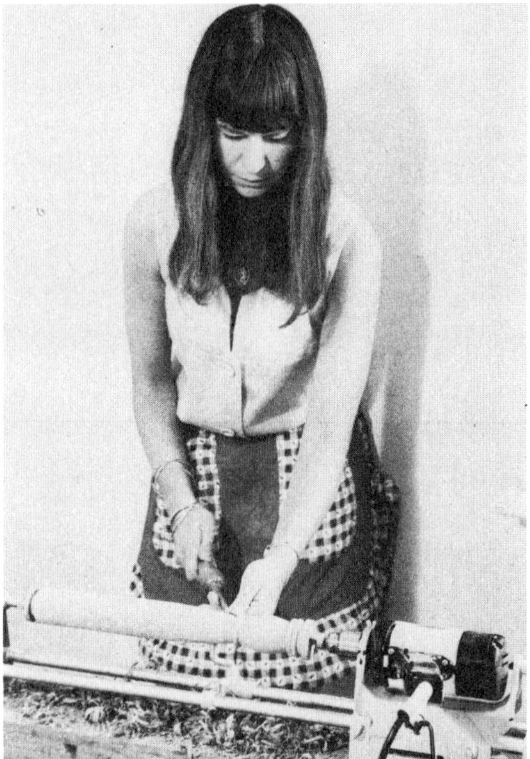

Fig. 17 Torno movido por un taladro eléctrico Estas maquinitas son muy buenas para quienes deseen iniciarse en los rudimentos del oficio y también para tornear piezas pequeñas.

lámparas y otros, es realizarlas en dos o más segmentos.

Dado que la compra de un torno es una inversión de cierta cuantía, conviene recurrir a un fabricante de gran reputación, entre otras cosas para asegurarse la provisión de repuestos y accesorios. Por otra parte, tales empresas suelen ser muy comprensivas en caso de dificultades con la máquina, y las mejores ofrecen demostraciones previas a la compra, por lo que conviene concertarlas con ellas.

Una vez comprado el torno, hay que montarlo en un banco muy sólido, a su vez asegurado al suelo por medio de pernos. En algunos tipos de trabajos pueden generarse fuertes vibraciones, que conviene amortiguar en la medida de lo posible. La cuestión de la altura del torno es muy importante, así que conviene, en lo posible, montar la máquina de suerte que los puntos queden a la altura de los codos del tornero puesto de pie en posición natural.
Si están más bajos, el trabajo puede producir desagradables agujetas en la cintura.
También hay que prestar atención a la iluminación, y yo puedo hablar de esto, ya que más de una vez me ha tocado hacer demostraciones en unas condiciones de luz desastrosas. Para la iluminación general del taller basta con la luz corriente de los tubos fluorescentes, pero la que suministran es muy mortecina, por lo que yo prefiero contar, siempre que puedo, con un foco móvil sobre la máquina.

Dos

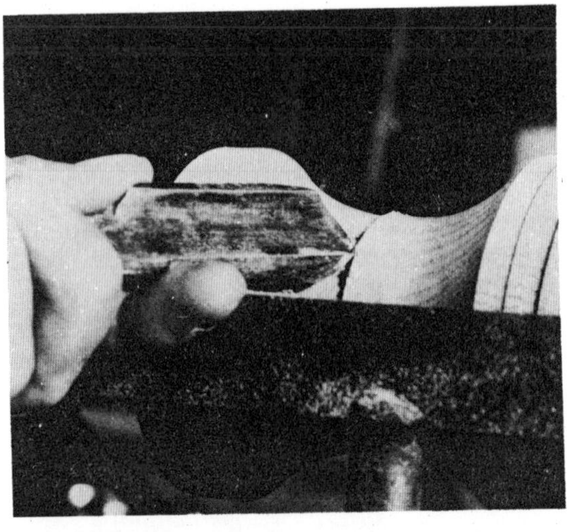

Gubia de ahusar, afilada en forma de nariz, usada en una concavidad profunda.

En el presente libro se pondrán de relieve ciertos aspectos de la tornería y sobre algunos de ellos se volverá más de una vez. Es un propósito deliberado, y el estudiante avisado hará bien en prestar especial atención a esos aspectos, perdonando las reiteraciones. Uno de ellos es el que se refiere al afilado y a las formas de las herramientas de tornear. Debe quedar claro desde el principio que el dominio de las técnicas respectivas es un paso gigantesco hacia la artesanía, y que el no dominarlas eficientemente, por el contrario, impedirá al estudiante trabajar con acierto, por más que se empeñe. No digo que sea difícil afilar las herramientas, nada de eso; lo que sí sucede es que en muchos casos se le concede muy poca importancia, y esa actitud indiferente resulta fatal. Por más que se esfuerce el principiante, si sus herramientas tienen filos y formas inadecuados, los resultados que obtenga serán frustrantes, y hasta puede correr peligro. En este capítulo se estudia lo que puede ser el aspecto más importante del oficio, de suerte que si se asimila y comprende bien su contenido, más adelante tropezará con muy pocas dificultades.

Muchas veces se me ha pedido que recomiende maestros de tornería, y fue en gran parte por ello por lo que empecé a admitir alumnos; pero no abundan los lugares recomendables. Las clases nocturnas son muy buenas, siempre que aclaren de entrada que lo que imparten es instrucción a base de técnicas de corte, y no de raspado.

Ir a observar el trabajo de algún vecino que tenga torno puede no ser lo mejor, a menos que dicha persona sea un tornero en madera en el cabal sentido de la expresión. Si no lo es, pueden adquirirse malos hábitos que después serán difíciles o imposibles de erradicar. Los artículos y libros de firmas autorizadas en la materia, acompañados de mucha práctica, pueden hacer avanzar mucho al principiante, que también puede obtener buen asesoramiento en los periódicos y revistas del ramo, que suelen publicar secciones de respuestas a las consultas de los lectores. El director remite las consultas a los especialistas, de suerte que resulta el mejor modo de superar los tropiezos cuando se producen, sobre todo porque el servicio es gratuito. A mí me llegan de vez en cuando muchas consultas que evacuar, y me parece muy interesante hacerlo.

Con frecuencia se hacen demostraciones de tornería en madera en las ferreterías que venden tornos, y en esos casos el tornero tiene un público crítico, por lo que debe hacer las cosas correctamente si quiere demostrar el mejor rendimiento de la máquina. En general, a los demostradores no les importa que los espectadores examinen las herramientas que usa, ni responder a cualquier pregunta que se les formule. Recuerde, cuando quiera ir a observar el trabajo de un tornero, que si éste no se vale de los procedimientos correctos, usted perderá su tiempo. Ese señor que vive en su misma calle probablemente haga lámparas bonitas, pero ello no significa que sus métodos sean buenos ni aptos para que los adopte un principiante.

Es lamentable, pero comprensible, que en muchos lugares donde se enseña a tornear, se advierta una notable resistencia a poner gubias y formones en manos de los aprendices. Y digo comprensible, porque el instructor tiene una gran responsabilidad respecto a las personas a su cargo; sin embargo, es en el uso de las herramientas cortantes donde el aprendiz tiene mayor necesidad de instrucción. Es interesante que el único caso que yo personalmente conozco de herida producida durante el torneado fue utilizando un raspador, al que se había inclinado hacia arriba en lugar de hacerlo hacia abajo, y no una herramienta de cortar.

Una vez instalado en el taller el torno elegido, hay que pensar con detenimiento en las herramientas y demás accesorios que serán necesarios. Llegados aquí, quiero advertir formalmente al principiante que debe abstenerse de comprar nada que no sea de la mejor calidad. Las herramientas y el equipo del tornero no son en modo alguno caros, teniendo en cuenta su larga duración, aunque para cualquier rama de la tornería o la talla de la madera, existan herramientas que parecen baratas, y quizá lo sean. ¡Pero también son muy malas! Entenderá usted lo que digo cuando haya tratado de mantener el filo de una herramienta de acero barato, y lo haya comparado con otra de acero bueno. Lo bueno cuesta lo suyo, y los fabricantes que tienen que mantener su buena fama no venden mercancía de baja calidad. Un buen juego de herramientas bien afiladas y cuidadas puede ser motivo de orgullo y es un placer usarlas. Si, como suele suceder, el torno no va a ser más que un juguete al que se eche mano sólo de tarde en tarde, unas cuantas herramientas baratas y un poco de aprendizaje por su cuenta pueden bastar; pero si lo que se pretende es dominar verdaderamente el arte de la tornería y llegar a obtener un acabado de categoría profesional, la elección de un juego de herramientas realmente buenas y su preparación cuidadosa para el uso es un asunto de suma importancia.

En las primeras etapas del aprendizaje suele tenderse a rodearse de demasiadas herramientas. Convengo en que una enorme panoplia de rutilantes formones y gubias resulta muy vistosa, pero también puede llevar a graves confusiones, como una bolsa atestada de palos puede confundir al golfista novato. Siete u ocho herramientas bastan para empezar, y cuando se aprende a dominarlas con habilidad y confianza, se pueden incorporar otras. Es difícil hacerse asesorar acerca de las herramientas de tornería, y son raras las ferreterías que disponen de un surtido variado. De las que sí lo tienen, muchas las ofrecen en cajas ya preseleccionadas, y aunque algunas de éstas están bastante bien pensadas, las hay también que omiten piezas importantes, y en cambio incluyen algunas innecesarias. Si se tropieza con dificultades en este aspecto, cosa muy probable, lo mejor es escribir a una fábrica de herramientas y pedir un catálogo con lista de precios. Con ello pueden pedirse por envío postal, con mangos o sin ellos, puesto que el tornero se los confecciona habitualmente por sí mismo.

Cuando se tiene un torno pequeño movido por un taladro eléctrico, conviene usar las herramientas destinadas a él, porque son pequeñas y no sobrecargan el motor. Pero no hay que usar estas herramientas pequeñas en las máquinas grandes, porque no es ése su cometido y pueden producir accidentes. Como guía para el principiante, la figura 1 muestra un juego básico, compuesto de las siguientes herramientas:

gubia desbastadora semicircular (4/4) de 3/4 pulgada (19,1 mm);
formón oblicuo de 1/2 pulgada (12,7 mm);
formón oblicuo de 1 1/2 pulgadas (37,5 mm);
escoplo separador;
raspador de punta redonda;

gubia de ahusar de 1/4 pulgada (6,4 mm);
gubia fuerte y larga, de 3/8 pulgada (9,5 mm);
gubia de ahusar, de poca profundidad, de 1/2 pulgada (12,7 mm).

No siempre se tiene en cuenta, que, por lo general, para poder usar las herramientas de tornería nuevas, el tornero tiene que amolarlas antes correctamente, para evitarse un sin número de problemas. Esto es lo más corriente, pero una o dos empresas, más avisadas, han empezado ya a producir herramientas listas para su uso. Las herramientas de tornería tienen biseles, uno continuo a cada lado en los formones, y uno continuo por la cara exterior en los raspadores; pero en ningún caso tienen un segundo bisel, como ocurre con las herramientas normales de carpintería, y esto es de suma importancia.

El aprendiz tiene que grabarse en la mente una cosa que será la que más ha de ayudarle a tornear con acierto y seguridad: con la única excepción de las herramientas de raspar, el bisel tiene que rozar constantemente la madera mientras la herramienta esté cortando. Si el bisel toca adecuadamente la pieza, la herramienta no se hunde en la madera, mientras que, de no hacerlo así, se darán todas las posibilidades de que se clave en ella: así de sencillo. Volveré más adelante sobre esto, pero el problema de las herramientas que se clavan en el material, es más que cualquier otro, el que hace desistir a los principiantes, y el miedo a que esto ocurra les impide adquirir la confianza que necesitan. Puede ser peligroso y, en el mejor de los casos, desconcertante, pero es imposible que ocurra si las herramientas tienen la forma debida y se aplican correctamente. Si a un hombre ducho se le clava en la madera una herramienta de cortar, será por desidia, descuido o falta de atención. Y a medida que el aprendiz va perfeccionando su habilidad, descubrirá que corrige por instinto las clavadas y los tropiezos cuando se presentan, de la misma manera que un automovilista experto corrige los patinazos.

Fig. 1 Un juego de herramientas útil para el principiante: dos formones oblicuos, un escoplo separador, dos gubias de ahusar, una gubia de cuencos, una gubia de desbastar y un raspador de punta redondeada.

Hay que estudiar cuidadosamente los croquis de las figuras 2 y 3, donde se muestra la forma de amolar los biseles, porque es decididamente inútil tratar de usar las herramientas mientras no estén en las debidas condiciones. Obsérvese que el bisel puede ser recto, como sale cuando el afilado se hace sobre una cara de la muela, o cóncavo, cuando se hace sobre el canto de ésta. La práctica de usar la cara lateral de la muela no es recomendable, porque la fricción produce en este caso mucho calor, que puede llegar a hacer perder el temple al acero, y el buen corte no le durará más de unos minutos. Se dice que una herramienta con bisel cóncavo trabajado en el canto de la piedra de afilar es más propensa a hundirse en la madera, pero yo lo niego, con la autoridad que me da la práctica de haber biselado así mis herramientas durante muchos años. Si el bisel es cóncavo, la piedra de asentar hace como un puente por encima de la curvatura, decreciendo así la cantidad de metal por quitar al afilarla, como es también menor la posibilidad de redondearle el filo, cosa que debe evitarse a toda costa.

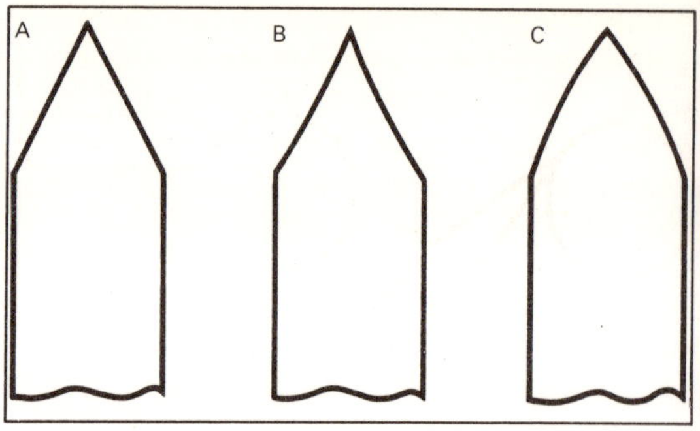

Fig. 2 Biseles de formones: **A)** correcto, obtenido en el lado de la muela; **B)** correcto, obtenido en el canto de la muela; **C)** incorrecto, porque con esta forma la herramienta se clava.

Fig. 3 Exagerando las medidas, así es como la piedra de asentar hace de puente entre los extremos de un bisel de afilado cóncavo.

Me gustaría, de ser posible, aclarar uno de los verdaderos escollos que se interponen en la ruta del aprendiz de tornero, a saber, la cuestión del ángulo exacto en que deben amolarse las herramientas. En realidad, es variable, según la estatura del tornero y la altura del torno, y yo no tengo la menor idea acerca de los ángulos de mis herramientas. Se le presta demasiada atención a esto, y mi consejo es dejar de lado el transportador y analizar el asunto bajo otras luces. He de repetir lo que ya he dicho: el bisel tiene que rozar la madera, todo el tiempo, mientras la herramienta esté cortando. Claro que esto no vale para los que, como he visto muchas veces, usan todas las herramientas de la caja como si fuesen raspadores. Esto significa que el ángulo a que se haga el filo simplemente establece de qué modo hay que sostenerla para que roce la madera como es debido. El esquema de la figura 4 expresa bastante claramente lo que pretendo indicar. Suponiendo que la herramienta se use correctamente, si el ángulo del bisel es demasiado agudo, habrá que sostenerla muy baja, que es una posición poco cómoda; y un ángulo más abierto obligará a sostenerla más alta. Por este motivo, ningún tornero profesional usa otras herramientas que las propias, salvo que no pueda evitarlo. Yo he tenido que hacerlo en raras ocasiones, y aunque las herramientas ajenas no tuviera nada de particular, mi sensación con ellas era extraña. Si ampliamos la exposición, veremos que un hombre bajo, ante un torno alto, necesitará biseles agudos y largos, mientras que

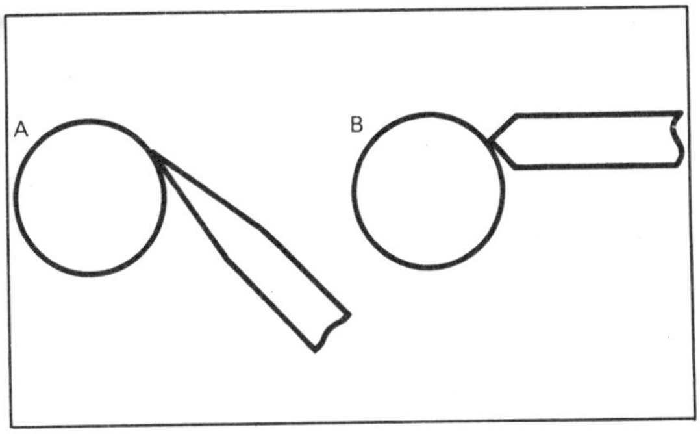

Fig. 4 Véase cómo el ángulo del bisel afecta la posición del mango de la herramienta. **A)** bisel largo, mango bajo; **B)** bisel corto, mango alto.

Fig. 5 Dos cuñas pequeñas de piedra de asentar, sumamente útiles. Una es para las gubias y raspadores, y la otra para los formones.

un hombre alto, ante un torno montado bajo, los necesitará más obtusos y cortos.

Las herramientas correctamente amoladas pueden usarse sin más trámite con maderas de grano grueso, como el olmo y el roble; pero para casi todas las demás es preciso afilarlas en la piedra de asentar, y para los trabajos muy finos conviene pasarlas por un asentador de cuero. Los aficionados suelen cometer el grave error de seguir usando una herramienta que ya ha perdido el corte, pensando que afilarla es una pérdida de tiempo. Nada más lejos de la verdad. No hay nada que pueda compararse a la sensación que produce el trabajar con una herramienta perfectamente afilada, ni nada peor que mordisquear un trozo de madera con una desafilada. Las piedras de asentar grandes, como las que usan los carpinteros, no son muy aptas para las herramientas de tornería, pero pueden usarse. Mucho más cómodas son las cuñas pequeñas de dicha piedra, en los grados medio y fino que se ven en la figura 5. Ello se debe a que, para afilar las herramientas de tornería hay que sostenerlas firmemente y pasarles la piedra por el filo, en lugar de hacerlo al revés; si se adopta este método desde el principio, se reducen los riesgos de que se redondee el filo. Se necesitan, como mínimo, dos de estas cuñas, una exclusivamente para las gubias y la otra para los formones. Las gubias abren rápidamente un canal en la piedra, inutilizándola para usarla con los formones.

La manera aceptable de afilar las herramientas se muestra en la figura 6: la herramienta está firmemente apoyada en un objeto apropiado, y se mantiene así mientras se la frota con la piedra, con movimiento circular. Esto exige un poquito de arte si se quiere evitar el filo romo, pero se aprende fácil y rápidamente. Me traen con frecuencia juegos de herramientas de tornería para amolarlas, y lo hago cuando puedo, pero tengo la impresión de que, en muchos casos, el dueño se las lleva y de ahí en adelante sólo se preocupa de pasarles la piedra de asentar para mantenerlas afiladas, con el inevitable resultado de que los biseles se van redondeando paulatinamente y las herramientas se hacen cada vez más difíciles de manejar. El esquema de la figura 7 aclara esta cuestión. Lo que sucede en realidad es bastante sencillo de entender, y nos remite nuevamente a nuestra regla de oro, que prescribe que el bisel tiene que rozar el trabajo. Con un bisel de forma correcta no hay dificultades, pero cuando el filo se redondea, hay que ir levantando el mango de la herramienta para que el filo siga estando en contacto con la madera, con lo que se pierde el apoyo del bisel y la herramienta tiende a clavarse. Al redondear el filo, lo que he-

Fig. 6

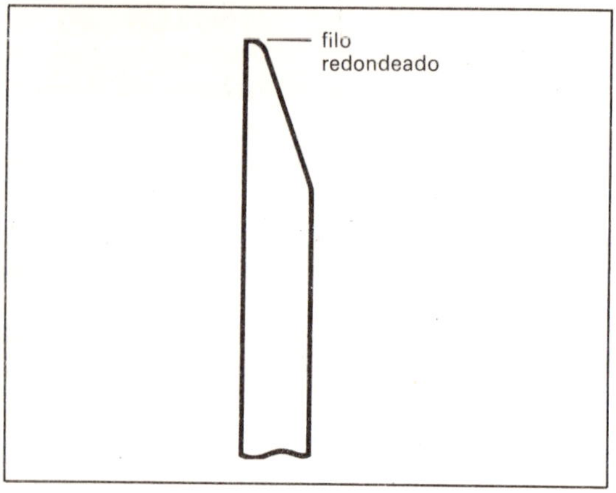

Fig. 7

Fig. 6 Afilado de un raspador de punta redondeada con una piedra de asentar de grano grueso. Se apoya la herramienta sobre algún objeto conveniente y se le pasa la piedra, describiendo movimientos circulares a lo largo del filo. La rebaba se deja.

Fig. 7 Efecto de un mal afilado en una gubia. El filo se ha duplicado y habrá que levantar el mango para que pueda cortar. Esto impide que la herramienta se apoye con el bisel y puede clavarse en la madera.

mos hecho es formar un segundo bisel, que es precisamente lo que hay que evitar.

Tenga presente que la función de la muela es la de dar forma a las herramientas, y la de la piedra de asentar es quitar las rebabas y dar el afilado definitivo. Si quiere sentirse orgulloso de sus herramientas, ambas deben trabajar en equipo.

Acerca de las muelas, suele afirmarse que las herramientas de tornería no deben afilarse en seco, sino en húmedo. Este consejo suele aparecer en las etiquetas de las herramientas recién compradas, y hay que decir que es prudente, pero poco práctico para la mayoría de nosotros. Las piedras para trabajar en húmedo son muy grandes, pesadas, caras y no las suele tener uno en su taller casero, así que nos las tenemos que componer lo mejor posible con la muela de carborundo. Yo he usado una durante años, y mis herramientas parecen felices y contentas; pero hay que ser cuidadoso con la amoladura para no estropear un buen acero. Si se usa una máquina de afilar, conviene tomar alguna precaución para protegerse los ojos del posible impacto de pequeñas esquirlas de acero o de carborundo. Un par de anteojos como los de la figura 8 es suficiente, lo mismo que una visera de seguridad. No hay que descuidarse en esto, porque los ojos no tienen precio. Conviene tener a mano un cubo de agua fría en el que se sumerjan de vez en cuando las herramientas, para enfriarlas del calor que produce la fricción de la muela. No hay que presionar demasiado, y hacer el trabajo lentamente. La herramienta debe apoyarse sobre la muela con muy poco más que su propio peso. Si se presiona demasiado, la herramienta se recalienta rápidamente, sobre todo si es pequeña y cuenta con menos metal para disipar el calor.

Consideremos ahora la amoldura de un juego básico de herramientas y veamos las formas que precisan para cumplir con sus respectivos cometidos. A las gubias de ahusar se las redondea la punta, para que puedan trabajar en concavidades; las figuras 9 y 10 muestran cómo hay que hacerlo. Se las sostiene firmemente, lo más quietas posible en relación con la muela, y se las hace girar poco a poco a derecha e izquierda para amolar la superficie. Se necesita un bisel redondo uniforme, cosa un tanto difícil de lograr para el principiante, pero con la práctica se adquiere destreza. La amoladura empieza por la base del bisel, empujando lentamente la herramienta hacia adelante hasta lograr la forma correcta. A mis herramientas las amuelo directamente hasta el filo, y puedo saber cuándo he llegado al borde porque entonces empiezan a salir chispas por la parte superior. En ese momento es cuando más peligro se corre de quemar el acero, por lo que hay que tener mucho cuidado y recurrir al cubo de agua. Algunos torneros prefieren no llegar hasta el filo y terminar la amoladura en la piedra de asentar, pero esto es cuestión de preferencias. El resultado final es el mismo.

La gubia semicircular de desbastar, de 19 mm, no se afila en forma de nariz, sino con la punta plana —figura 11—, porque se usa para debastar a partir de una pieza cuadrada y para dar forma general. No hay que temer que los ángulos puedan morder en la madera; aunque a primera vista pareciera que pudiese ocurrir, no es así en la práctica, al menos si se la apoya correctamente. El bisel de las gubias de desbastar tiene que ser bastante obtuso, o corto, en torno de los 45 grados. El método es similar al de las gubias de ahusar: hacerla rodar a un lado y a otro, lentamente, tratando de que la muela haga un bisel uniforme. Esta cuestión de la amoladura puede parecer difícil, pero con la práctica se llega a hacerlo bien, y hasta tanto no se domine su técnica, surgirán todo tipo de problemas al usar las herramientas.

Los extremos de los formones oblicuos no se amuelan perpendicularmente, sino en ángulo, como en las figuras 12 y 13, y de ahí su nombre. Están entre las herramientas más fáciles de amolar, moviéndolas

Fig. 8

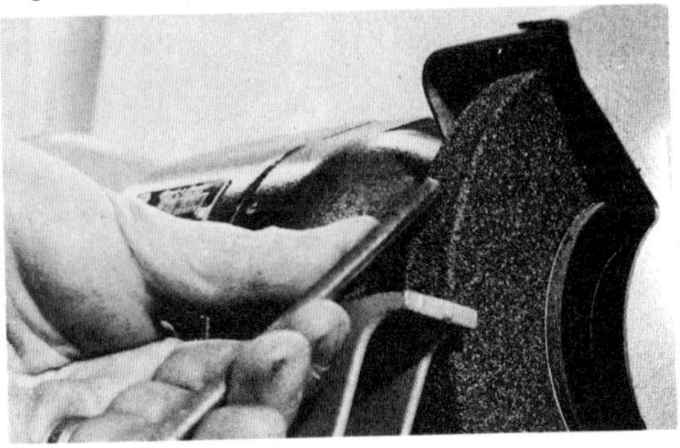

Fig. 9

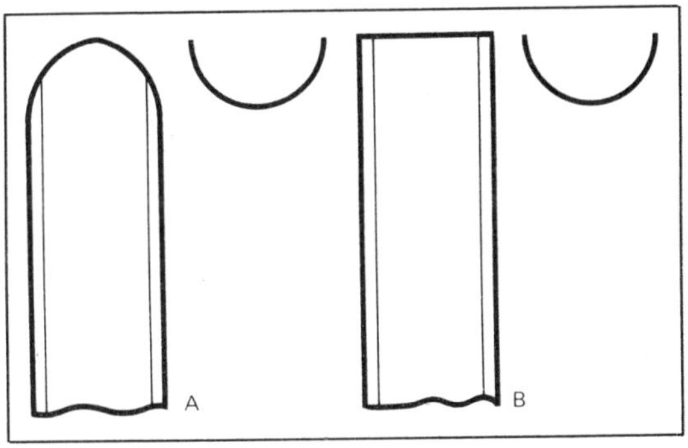

Fig. 10

Fig. 8 Hay que ponerse siempre un buen par de anteojos resistentes al usar la piedra de amolar, y la máscara, como la que se muestra, es indispensable para el lijado.

Fig. 9 Amolamiento de una gubia pequeña de ahusar. Se sostiene la herramienta con firmeza y se la hace rotar lentamente a un lado y al otro, aplicando poca presión.

Fig. 10 Formas de gubias. **A)** las gubias para ahusar se redondean en el extremo; **B)** las de desbastar conservan su extremo recto.

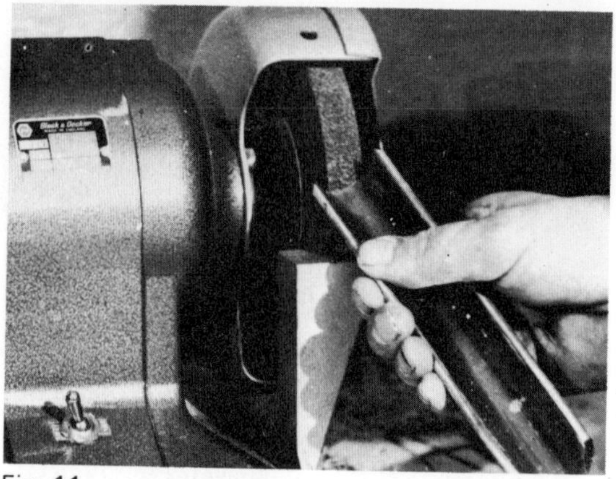

Fig. 11

Fig. 12

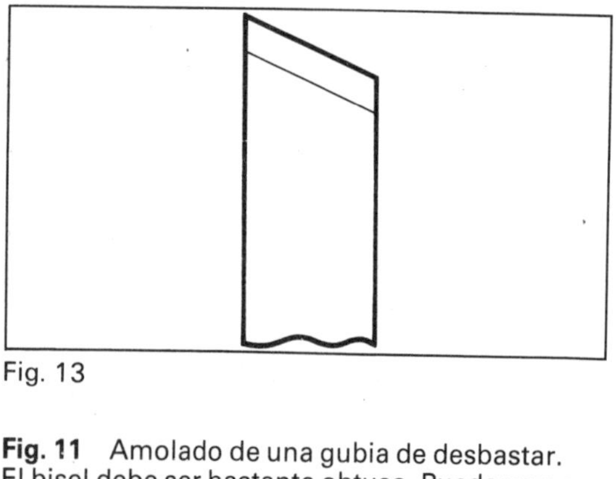

Fig. 13

Fig. 11 Amolado de una gubia de desbastar. El bisel debe ser bastante obtuso. Puede verse también que el extremo se afila en un plano perpendicular a los lados.

Fig. 12 Formón oblicuo. El extremo de esta herramienta no es en ángulo recto, sino que se le da una inclinación.

Fig. 13 Esquema del extremo de un formón oblicuo.

lentamente a un lado y a otro al pasarlas por la piedra. El bisel debe tener la misma anchura por las dos caras, toda vez que el tornero ha de ser ambidextro, y usar este formón en ambos sentidos durante el trabajo. Si los biseles son desiguales, se experimentará una sensación anormal.

La forma del escoplo separador es de suma importancia, aunque no siempre se la aprecie en toda su magnitud, por lo que conviene estudiar cuidadosamente las figuras 14 y 15. El ángulo del bisel tiene que ser bastante agudo; existe una deplorable tendencia a dejar que se vaya haciendo paulatinamente más obtuso, con los repetidos afilados, lo que hace que, la herramienta rebote al usarla, cosa bastante peligrosa. Vista desde arriba en su posición de cortar, la hoja se amuela, o rebaja, por detrás del filo, para que no se atasque al hundirla profundamente en la madera.

El raspador de punta redondeada es harina de otro costal. No es una herramienta de corte en el sentido cabal de la expresión, pues se usa con inclinación negativa, esto es, con el extremo del mango más alto que el filo de la hoja. Es evidente que, cuando se usa una herramienta en esta posición, el bisel no puede rozar la madera y, por tal motivo, tiene relativamente poca importancia. Debe tenerse en cuenta, sin embargo, que si dicho bisel es demasiado largo, queda poco metal para sostener el filo, o para disipar el calor de fricción, como se ve en el croquis de la figura 16. Antes de usar los raspadores hay que darles una ligera pasada por la muela, dejándoles la rebaba que se forma al hacerlo; esto es lo que yo prefiero cuando los uso, cosa que no es muy frecuente. Tienen aplicación en el torneado al plato, pero, como instrumentos cortantes, sólo deben emplearse cuando la tarea sea difícil o poco segura con una gubia. Para raspar no se precisa tanta habilidad, y el acabado que dan estas herramientas no es bueno, sobre todo cuando se hace demasiada presión con ellas en la madera. Nunca deben emplearse para trabajos de ahusado. Adviértase que los raspadores deben inclinarse hacia arriba (véase esquema en Fig. 17); si se usan correctamente, se verá que la madera sólo puede apartarlos, mientras que, apuntados hacia arriba, pueden incrustarse en ella, produciendo resultados desagradables.

Los raspadores se afilan en piedra de asentar de grano grueso, con un movimiento circular, dejándoles una rebaba que cortará muy bien. Nunca hay que quitarles esta rebaba, toda vez que es lo único que corta en ellos. Otro método, consiste en amolar el raspador, quitar la rebaba que se forma y darle la vuelta al filo, como hacen los ebanistas. A mí no me gusta este sistema, porque el filo desaparece en poco tiempo.

Las cuñas de piedra de asentar que se venden ahora absorben enormes cantidades de aceite, así que conviene dejar que se embeban durante toda la noche, en un bote. Yo uso una mezcla de aceite fluido y parafina a partes iguales, que en mi opinión es excelente; pero lo que en realidad importa es pasar la piedra como se debe, para no arruinar el trabajo previo de amolado. Tomando como ejemplo la gubia semicircular de desbastar de 19 mm, lo primero que debe hacerse es buscar en el taller un sitio adecuado para sostener la herramienta a la altura correcta y afilarla. Si los mangos son bastante largos, como debe ser, se pueden apoyar contra el muslo, lo cual es una ayuda. La figura 18 ilustra el método. Se pone un poco de aceite en la piedra y, con la gubia cómodamente sujeta, se empieza a pasar la piedra a partir de la arista inferior del bisel, con movimientos circulares y se la va llevando hasta que abarque todo el ancho del bisel. La posición es correcta si, al llegar al filo, el aceite empieza a derramarse por encima de él. Si se puede mantener constante esta posición de la piedra respecto de la hoja, y se hace girar suavemente la gubia hacia ambos lados, con lentitud, en poco rato se obtiene un buen filo. Hay que resistir a la tentación de subir la piedra demasiado cerca del filo, porque esto puede duplicar el mismo, cosa que de ninguna manera debe ocurrir si se pretende usar la herramienta en la forma adecuada. Por el lado interior de la gubia quedará una rebaba, que puede quitarse pasando ligeramente

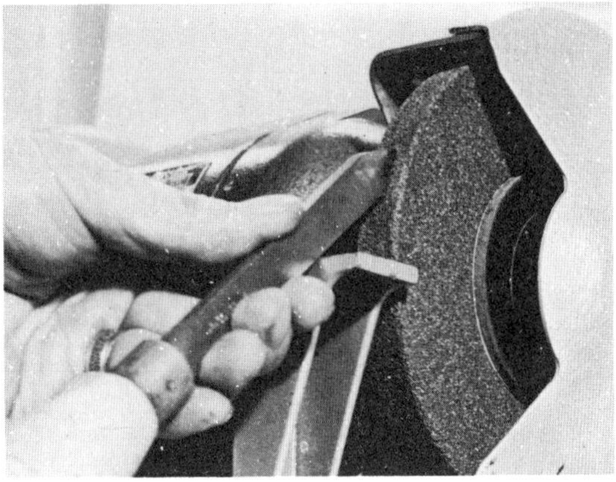

Fig. 14

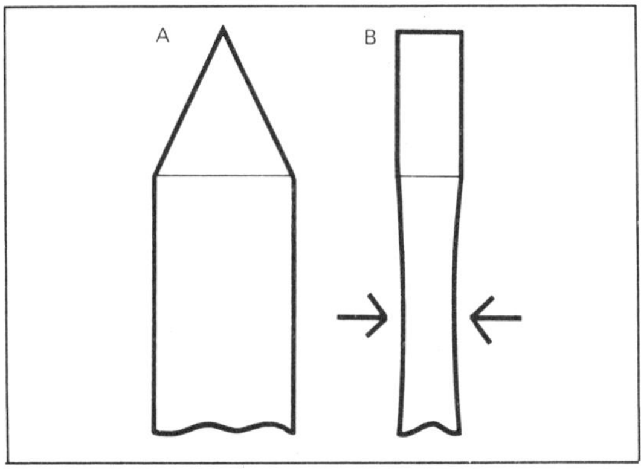

Fig. 15

Fig. 14 Amolado de un escoplo separador. Adviértase que no debe ser demasiado obtuso el ángulo del extremo.

Fig. 15 Formas de escoplos separadores.
A) forma de la cara de la herramienta;
B) forma del filo. Hay que amolar la herramienta de suerte que después no se atasque.

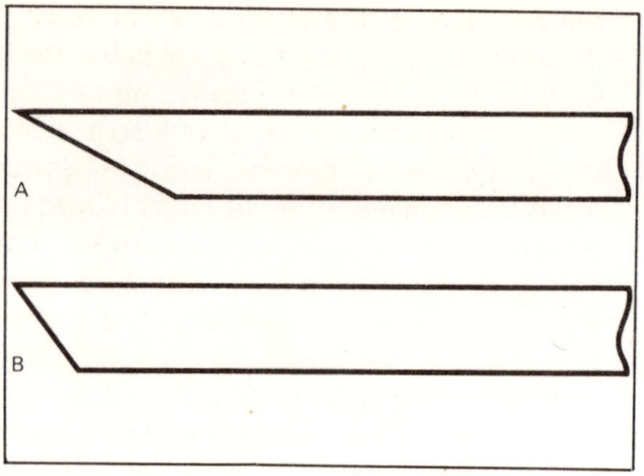

Fig. 16

Fig. 16 Vista lateral de raspadores. **A)** ángulo demasiado agudo (punta adelante, derecha o izquierda); no hay suficiente metal para sustentar el filo y la herramienta puede recalentarse; **B)** un ángulo mejor.

Fig. 17 **A)** raspador apuntado hacia arriba: puede incrustarse en el trabajo y provocar un accidente; **B)** a un raspador apuntado hacia abajo, todo lo que puede pasarle es que la madera, al girar, lo rechace. No hay peligro alguno.

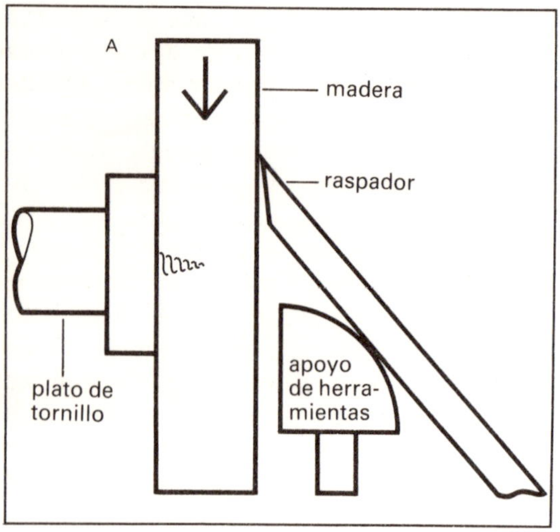

Fig. 17A

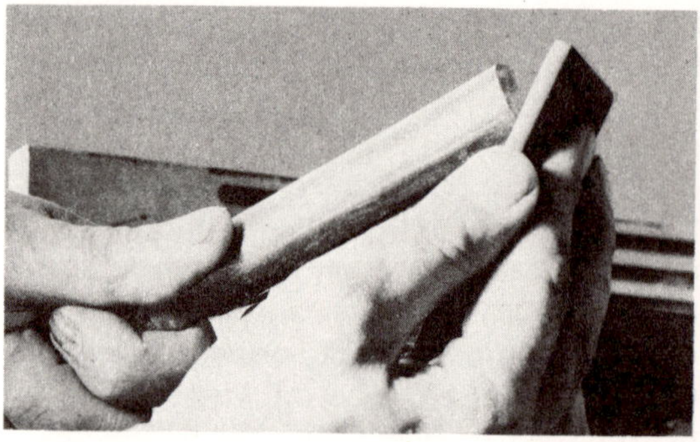

Fig. 18 Afilado de una gubia con la piedra de asentar. Hay que apoyar firmemente la herramienta, y mejor si puede sostenerse el mango con el cuerpo. Se describe con la piedra un movimiento circular, haciendo al mismo tiempo rotar la gubia.

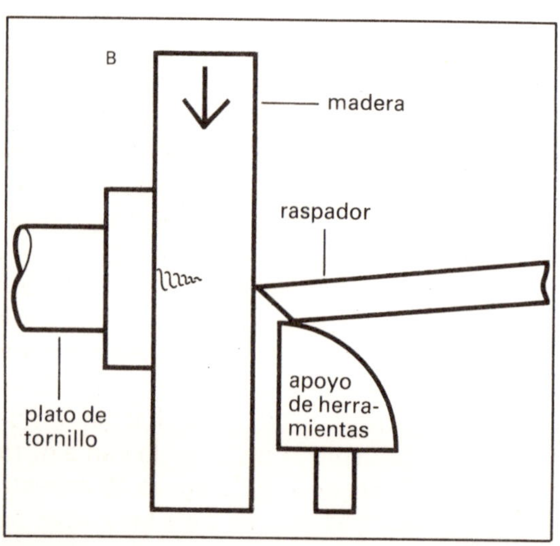

Fig. 17B

la piedra desde la base hacia el filo; pero, de todas maneras, al usarla, el roce de la madera la quitará rápidamente.

A veces se puede colocar una muela en el extremo opuesto del cabezal, de arrastre en realidad, cuando tengo que tornear mucho tiempo, yo ajusto una en el sitio donde va la sierra circular. Esto es muy práctico, porque permite asentar el filo de la herramienta en pocos segundos y sin alejarse del torno, pero en estos casos la velocidad no debe ser alta, ya que la piedra puede desintegrarse, sobre todo si recibe un golpe en un momento dado. Lo mejor es disponer de una máquina de afilar independiente, pero hay que tener cuidado con los modelos pequeños y baratos, que giran con excesiva velocidad y pueden quemar las herramientas. Entre los aficionados existe la errónea convicción de que, mientras el metal no se ponga azul, nada grave ocurre; pero no es así, toda vez que el temple puede estropearse mucho antes de ponerse azul.

El recalentamiento de las herramientas de tornería, con la consiguiente pérdida del temple, puede deberse a un mal amolado, pero también se produce cuando la herramienta está desafilada, o cuando no se la usa en el ángulo correcto, de manera que roza sin cortar. Los principiantes en el torneado de cuencos suelen caer mucho en este vicio, hasta el punto de producir humo y quemar la madera. La explicación es muy sencilla: las herramientas deben estar realmente afiladas todo el tiempo, y en cuando dejan de sacar viruta, hay que parar el torneado hasta averiguar qué ocurre. El tiempo que se emplea en afilarlas no es tiempo perdido; sí lo es, en cambio, el pretender trabajar con herramientas desafiladas.

El afilado de las demás gubias se hace de la misma manera, y el del escoplo separador y los formones no presenta problema alguno, si bien es ocioso aclarar que en estos últimos casos no se hace girar la herramienta.

Las herramientas de tornería vienen en dos variedades, las normales y las largas y recias. Al principiante se le aconseja no preocuparse por éstas hasta que no le resulten necesarias, porque le serán mucho más difíciles de amolar y afilar que los modelos corrientes, aparte de que sus hojas gruesas no dejan experimentar lo que está ocurriendo. Las hojas más delgadas son mucho más sensibles.

He dicho antes que, con algunas maderas, pueden usarse las gubias o los formones tal como los deja la piedra de amolar, pero ahora veremos cuál es exactamente el objeto de hacerlo así. La meta de los esfuerzos que se realizan para afilarlas es la de lograr el mejor acabado posible de la madera sólo con el filo de las herramientas, para recurrir lo menos que se pueda a los materiales abrasivos. Aquí es donde intervienen la experiencia y la habilidad: si observa trabajar a un tornero profesional, verá que usa muy poco el papel de lija, y sólo en casos muy especiales. Los granos que usa van del medio al cero, debido a que los más gruesos marcan anillos en la madera y arruinan el objeto. Para obtener ese acabado excelente sólo con las herramientas cortantes, no hay que ser demasiado remilgado en la etapa de desbastar, pero, hacia el final, la cosa se hace más crítica. Los últimos cortes deben hacerse ligeramente, con herramientas afiladas como navajas, recién salidas de la piedra de asentar. Los que me hayan visto en mis exhibiciones, quizás hayan advertido que interrumpo el torneado y afilo las herramientas para dar esos cortes finales, y nunca lamento el tiempo que dedico a esta operación porque, en realidad, luego ese tiempo se gana en el proceso. Si con las herramientas deja usted un acabado imperfecto, y trata después de lijarlo, verá que esta tarea es difícil y ardua. Un ligero corte con una gubia o un formón bien afilados hace lo mismo que los abrasivos en varios minutos.

Por este motivo, los puristas suelen tener piedras especialmente finas y hasta rematan la operación de afilado pasando las herramientas por asentadores forrados de cuero elaborados en las formas que se adaptan a cada herramienta. Vale la pena tenerlos, aunque yo sólo los uso cuando la madera es muy difícil. Conviene guardarlos en una caja, a cubierto del polvo y la arenilla. Sirve cualquier tipo de madera, a la que se le da la forma conveniente y luego se la recubre de cuero suave frotado con pasta de esmeril fina. Se pasan desde el mango hacia el filo de las herramientas. ¡Si lo hace usted al revés no le van a durar mucho! El croquis de la figura 19 muestra algunas formas típicas; para las piezas pequeñas, bastará con un trozo de piel enrollado o plegado. Recuerde que este filo ultrafino se utiliza sólo para los cortes finales y que, en la práctica, no es muy duradero.

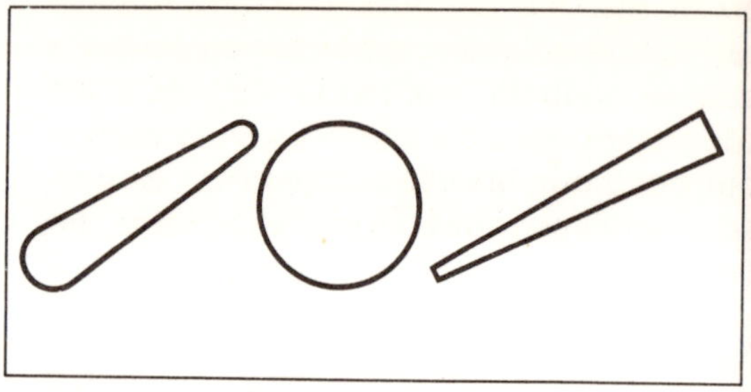

Fig. 19 Esquemas de secciones de asentadores, los cuales van recubiertos de cuero blando.

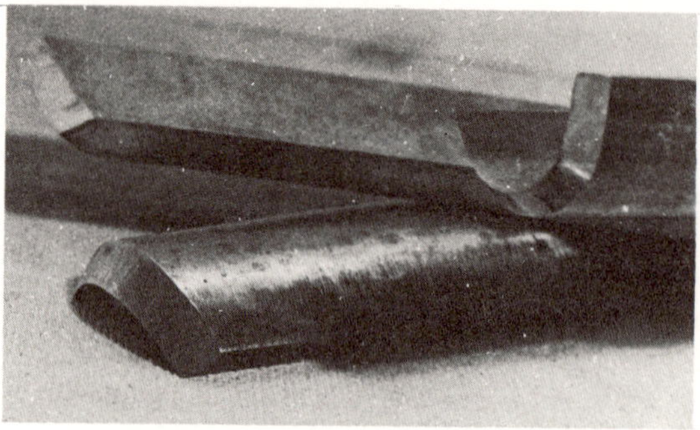

Fig. 20 Las herramientas grandes pueden ser muy útiles para desbastar rápidamente los trabajos voluminosos. Aquí se ven dos gubias grandes, una de poca profundidad y otra semicircular, así como un formón oblicuo de 5 cm.

Ya iremos viendo todos los usos de las herramientas de tornería, pero ahora echemos un vistazo a otros útiles necesarios. Mirando el catálogo de los fabricantes, veremos una inmensa variedad de herramientas, pero el principiante no debe ni pensar en ello, ya que es poco probable que llegue a necesitarlas todas y, en todo caso, es seguro que no las echará en falta durante mucho tiempo. A menudo me preguntan por qué llevo tantas herramientas cuando viajo; el motivo es que de muchas de ellas tengo dos iguales, de suerte que una buena sesión en la muela me sirve para bastante tiempo. Las gubias se usan, en general, para rebajar, y cuanto mayor sea el trabajo de desbastado, tanto mayor ha de ser la herramienta. Con todo, esto tiene un límite, que fija la potencia disponible, ya que una gubia demasiado grande puede exigirle demasiado a un motor pequeño. Yo tengo dos grandes (Fig. 20) que me resultan muy útiles, una de media caña de 2 pulgadas (50,8 mm) y la otra semicircular de ¼ de pulgada (6,4 mm). Las uso para tornear lámparas grandes, pilares centrales de mesas redondas, patas de mesas y cosas por el estilo. Esta clase de herramientas reducen considerablemente el tiempo del desbastado, pero no es recomendable intentar usarlas hata no haber dominado el manejo de las pequeñas.

Creo que una de las primeras cosas que desea el que por primera vez toma contacto con esta artesanía, es hacer raspadores con limas viejas. Como pasatiempo es inofensivo, pero no vale la molestia que causa. Tiene sentido hacerse alguna herramienta destinada a trabajos especiales, cuando no existe en el comercio el modelo adecuado; pero, después del largo y cuidadoso trabajo de amolar, las cosas que resultan siguen pareciendo nada más que limas viejas y están bastante fuera de lugar en el banco de un artesano. Sólo es necesario un par de raspadores, y hay que decir que tienen un precio bastante asequible, así que lo que ocurre es que hay gente a la que le gusta presumir de que se confecciona sus propias herramientas. Si a alguien le interesa cultivar estas prácticas, es bastante sencillo de hacer, como se ven el esquema de la figura 21. Se elimina con la muela la capa externa de la parte superior, hasta llegar al metal más blando de dentro, y se le hace un bisel. La forma del objeto depende de las preferencias de cada uno.

Prestar herramientas no es una buena práctica, por lo menos, en mi experiencia personal, y resulta doblemente arriesgado en el caso de las gubias y formones de tornear. Amolar estas herramientas hasta que se adapten a la mano y el tacto del propietario es algo que lleva su tiempo, y por poco que las use y afile otra persona, se puede estropear todo el trabajo anterior.

No se descorazone si, en los primeros días de su aprendizaje, alguien entra en su taller y le dice que todos sus biseles, tan cuidadosamente amolados, son demasiado largos o demasiado cortos. Es casi inevitable, y a mí me suele suceder en mis exhibiciones, de manera que he aprendido a acostumbrarme a oír estas cosas. Las herramientas se amuelan para servir a quien las use y a nadie más, y mientras le sirvan a uno, no debe preocuparse de nada.

A los torneros les encanta discutir acerca de la longitud y la forma de los mangos. Es perder el tiempo. Lo que se precisa es un mango funcional, que satisfaga a quien lo use y le resulte cómodo. Para los tornos grandes, los mangos de las herramientas deben ser lo bastante largos como para, llegado el caso, sostenerlos con el cuerpo. Y ese caso llega con frecuencia en las piezas grandes, cuando se tiene prisa y se desean hacer cortes de gran tamaño. Otra cuestión relativa a los mangos es la tan temida clavada de la herramienta en la madera, preocupación propia de los primeros tiempos. Si la herramienta tiene un buen mango y está sostenida con firmeza, todo lo que puede hacer la clavada es arruinar el trabajo o hacer que patine la correa de transmisión del motor. Pero si el mango no es adecuado o la herramienta no está bien sostenida, existen todas las posibilidades de que se produzca un accidente. Hay que concentrarse en lograr que el bisel esté todo el tiempo rozando la madera y ver que la herramienta produce viruta, y no serrín; con ello el peligro de accidente desaparece. Cualquier tipo de madera dura sirve para hacer mangos, pero evidentemente no debe ser de fibra muy corta. Una buena idea es usar distintos tipos de madera, para que sea más fácil reconocer cada herramienta entre montones de viruta, serrín y otros desperdicios.

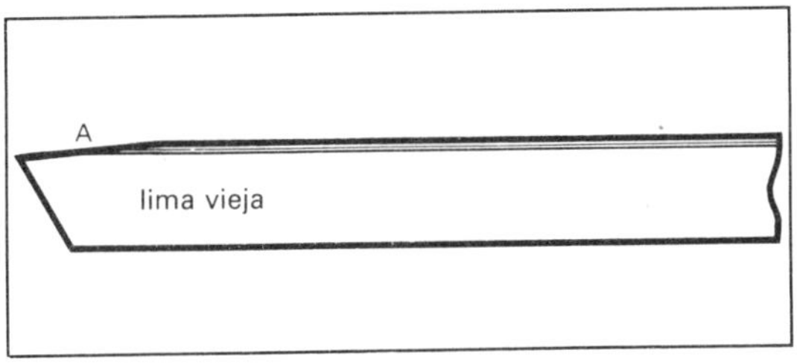

Fig. 21 Cómo hacer un raspador con una lima vieja. Con la muela se elimina la superficie, en A, dejando al descubierto el metal más blando de dentro. Se le da la forma que se prefiera.

El cuidado de las herramientas de tornería es más una cuestión de sentido común que de otra cosa. El peor enemigo es el óxido, contra el cual se puede luchar de varias maneras. Si no se eliminan las virutas acumuladas, absorben humedad del aire, y ésta suele ser una buena excusa para no hacer la limpieza del taller. Lamento decir que no soy muy pulcro en este aspecto, como pueden apreciar quienes visitan mi taller; pero, para los que sí lo son, un buen portaherramientas, preferiblemente con ruedecillas, es una buena solución. Frotando las herramientas con una bayeta empapada en aceite se las mantiene brillantes.

Esto es aplicable también para las partes brillantes del torno, en las que, el más mínimo indicio de óxido me produce a mí las mismas sensaciones que a un jardinero ver un gusano en su mejor rosa. Si acostumbra usted guardar sus herramientas en cajas o cajones, las buenas ferreterías venden un papel antióxido que le resultará muy útil. Se pone extendido cubriendo el fondo del cajón o la caja, y actúa como por arte de magia. Algunos, que padecen verdaderos problemas con la humedad, suelen distribuir por el taller bolsitas con trozos de gel de sílice, lo que es también una ayuda. El bastidor de herramientas portátil es muy útil, sobre todo si es giratorio, pero

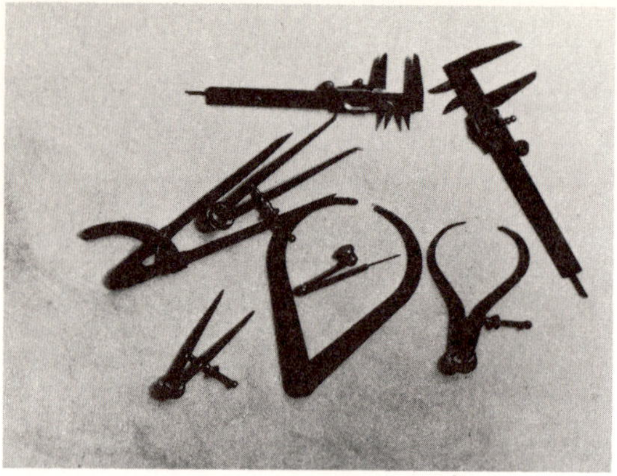

Fig. 22 Algunos compases y calibres, muy útiles para mediciones en tornería.

no conviene ponerle dentro demasiadas bandejas y divisiones para las herramientas pequeñas. Lo único que se consigue es que se llenen de serrín y astillas de madera, y limpiarlas no es nada divertido.

Algunas operaciones de tornería producen muchas vibraciones, y si usted tiene la misma mala costumbre que yo, de dejar herramientas y otros efectos sobre el banco, más vale que lo limpie antes de emprender esos trabajos, para que alguna cosa pequeña, pero valiosa, no caiga al suelo por las trepidaciones, con la posibilidad de ser barrida junto con la basura.

Existen otras herramientas que mencionaré aquí de pasada, refiriéndome a ellas detalladamente más adelante. Es obligatorio algún tipo de lezna, pudiendo optarse con la corriente de carpintero o por la que usan los jauleros, cuya hoja es de sección cuadrada. Yo prefiero esta última, y es fácil confeccionársela uno mismo. Originalmente, esta herramienta sirve para hacer agujeros en maderas delgadas, cerca del borde, sin partirlas; pero nosotros la usaremos para marcar los centros de las piezas cuadradas, así como para hacer agujeros para los tornillos del plato del torno y el plato de tomillo.

La figura 22 muestra algunas de estas herramientas, siendo muy importantes los compases y los calibres; nunca se tendrán demasiados si uno se propone hacer mucho trabajo de repetición.

Tres

Lámpara de mesa, torneada en madera de tejo y lustrada frotándola con sus propias virutas.

Una vez adquiridos el torno y las herramientas, y amoladas y afiladas éstas correctamente, podemos pensar en comenzar algún trabajo de torneado. Pero antes hay uno o dos asuntos que merecen algunos comentarios.

En los primeros puestos de la lista se sitúa la perenne pregunta: ¿cuáles son las maderas mejores para tornear? Me asalta la sospecha de que las personas que me formulan esta consulta, lo que en realidad quieren saber es cuáles son las más fáciles de tornear, lo cual no es lo mismo. En cualquier caso, este problema no tiene una respuesta fácil: todo lo que uno puede hacer es dar una opinión. El tornero encontrará pronto sus predilectas y, en lo que a mí respecta, van a la cabeza el tejo, el olmo y el sicomoro. Hay que pensar que no sólo las especies diferentes tienen características igualmente dispares, sino que puede también haber grandes variedades en distintos trozos del mismo tipo de madera. Yo sólo he tropezado con un tipo con el que fui incapaz de hacer nada, un trozo de madera de *jarra (Eucalyptus marginata),* que está muy saturada de minerales y, al aplicarle las herramientas, produce una verdadera lluvia de chispas. Era como querer tornear una piedra. Otras maderas, como la teca y el olmo, también desafilan rápidamente las herramientas, aunque no tanto. La madera con un contenido bastante alto de humedad es más fácil de tornear, y más espectacular, que un material seco, pero también puede mermar y partirse después del torneado. También hay que tener en cuenta la fibra que de la mejor apariencia una vez terminada de tornear, si el tornero tiene la habilidad suficiente como para habérselas con ella. Algunas maderas despiden un olor detestable que hace estornudar e irrita la nariz, mientras que otras pueden afectar rápidamente a una piel sensible. El mejor consejo para el principiante es que haga la prueba con todo trozo de madera que tenga a mano y se haga su composición de lugar, pero que no achaque a la madera un acabado deficiente. Quizá no sea ella la culpable. Cada trozo de madera debe ser un reto para él.

La lista que sigue, de algunas de las maderas más conocidas, no pretende ser exhaustiva, pero puede servir de ayuda para alguien que está empezando. Los comentarios me los ha dictado mi experiencia.

Roble: fibra abierta, tosca, no muy interesante, salvo si es veteada. Muy dura y poco recomendable para los principiantes, sobre todo para tornear cuencos.

Fresno: fibra dura y satisfactoria, color pálido y buena textura. Es muy torneable y los objetos confeccionados con ella se venden bien.

Olmo: muy variable. Desafila rápidamente las herramientas, pero tiene un hermoso color y una fibra interesante. Puede tener un bello aspecto si lleva algunos nudos, pero no es estable y hay que barnizarla inmediatamente después de tornearla.

Sicómoro: es fácil de tornear y sus cualidades para el acabado son buenas. Se usa mucho para trabajos estratificados, a causa de su color claro, pero puede ser difícil de conseguir.

Castaño: similar a la de roble, agradable de tornear.

Tilo: la madera del tallador, de aspecto muy similar a la de sicomoro, pero muy blanda.

Nogal: cara, pero vale la pena comprarla para trabajos especiales. Tiene un notable tinte oscuro y una fibra interesante. Se tornea bien.

Nogal africano: se tornea con suma facilidad, por ser bastante blanda. Tiene el colo de la miel, a menudo con unas peculiares vetas negras.

Tejo: excelente, si se puede conseguir en tamaños adecuados. Se tornea como el jabón y puede dársele mucho brillo con sólo frotarla con sus propias virutas. Una madera verdaderamente hermosa de trabajar.

Haya: nada del otro mundo, pero fácil de conseguir y relativamente barata.

Palo rosa: el color varía del marrón oscuro al púrpura. Aceitosa. Se tornea bien, pero es decididamente cara.

Teca: fácil de tornear, aceitosa, dura para los filos de las herramientas y cara. Se usa como madera oscura en los trabajos estratificados, pero no hay que olvidar que sus cualidades para el encolado no son muy buenas.

Arce: poco interesante, pero fácil de tornear y de agradable textura.

Acebo: difícil de conseguir debidamente curada, de color muy claro y dura. Buena para trabajos estratificados.

Podría seguir, pero creo que esto bastará para poner en camino al principiante.

Otra cuestión que aflora con frecuencia es la que se refiere a la obtención de madera apta para tornear. Hay empresas y particulares que proveen de maderas seleccionadas para ello, y aunque esto pueda parecer un tanto costoso, hay que tener presente que el proveedor es quien soporta las mermas y lo que vende es madera sana. Dichas empresas suelen anunciar en la prensa especializada en los trabajos en madera y envían sobre pedido cantidades bastante razonables, casi a cualquier parte. Como alternativa, ¿por qué no acudir a una buena carpintería, a charlar un rato con el capataz? Lo que para él son despuntes, para nosotros pueden ser buenas viguetas de madera, de precio muy asequible. Existe además la ventaja de que, en esos sitios, sólo se usa madera de buena calidad y bien curada.

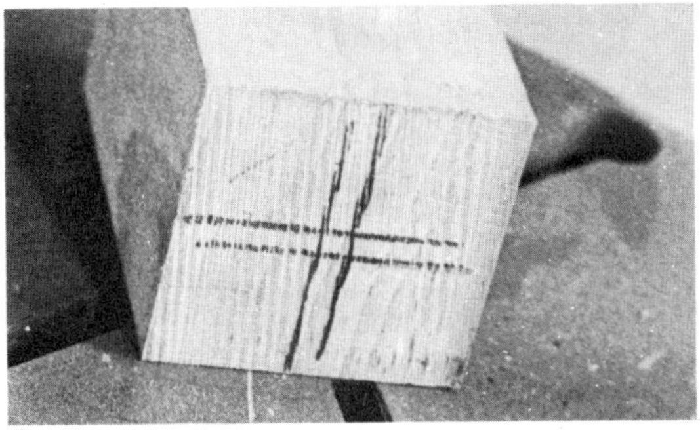

Fig. 1 Método para marcar los centros de los extremos cuadrados de la madera, distinto del trazado de las diagonales.

Fig. 2 Una vez marcados cuidadosamente los centros del cuadrado, pueden eliminarse los ángulos con la sierra circular o, como en este caso, con una cepilladora pequeña. Pero no es absolutamente imprescindible hacerlo.

reo interesante consignar que una vez ompré una pila de postes de cerca viejos, un granjero que estaba a punto de quemarlos. Eran postes redondos, todavía on la corteza, y aunque se habían podrido or la parte enterrada en el suelo, conteían sin embargo bastante madera buena, e la que saqué muchas lámparas de mea a muy bajo coste. Los maderos eran de arias especies, si bien cabe señalar que, uando se echa mano a este tipo de provisión de madera, es bueno empezar por uscar los clavos y grapas para extraerlos. n cuanto a los tipos de madera propios el lugar en que se vive, un recorrido por os pequeños aserraderos vecinos puede esultar fructífero, pero conviene visitarlos n algún día de la semana en que no estén nuy atareados. A veces se encuentran, como desechos, piezas de buen material, que pueden resultar baratas, si son aprovechables.

Así que conseguir la madera es una cosa y prepararla para tornear es otra. Conviene tener un acopio de trozos en bruto, listos para usar, aunque también se puede tener a madera en tablones, para cortarlos con arreglo a las necesidades. En caso de trocear la madera, con intención de almacenar los trozos apilados, yo recomendaría recubrir los extremos de los cuadrados y os bordes de los discos con abundante pintura vieja o cera, cosa que detiene el proceso de secado. De no hacerlo así, con el tiempo, se puede tener la desagradable sorpresa, al revisar la provisión, de encontrarse con que la madera se ha agrietado.

Cuando se tiene un bloque de madera para tornearlo entre puntos, hay que trazar líneas diagonales en los extremos para marcar el centro, practicando en las intersecciones sendos hoyos con un punzón, lo que facilita después el montaje en el torno. También puede servir, según las preferencias, el otro sistema de marcar (Fig. 1). Los bloques pueden estar simplemente aserrados, o cepillados, dándoles una sección octogonal —esto es lo mejor para el principiante—, pero hay que marcar primero los centros (Fig. 2). Los torneros profesionales no se molestan en hacerlo, ya que para ellos es más fácil y rápido eliminar las aristas con una gubia, pero al principio, la idea de tener una arista de madera girando vertiginosamente para atacarla con una herramienta cortante puede asus-

Fig. 3 Los puntos que se atasquen en el cono interior del mandril, pueden quitarse fácilmente si éste tiene un expulsor de puntos. Aquí se usa una barra de acero para desatascar un punto demasiado obstinado.

Fig. 4 Un taco de madera, cuadrado, con los centros marcados en los extremos y un hoyo de punzón en cada uno de ellos, montado en el torno. El hoyo ayuda a ajustar los puntos del cabezal de arrastre y de la contrapunta.

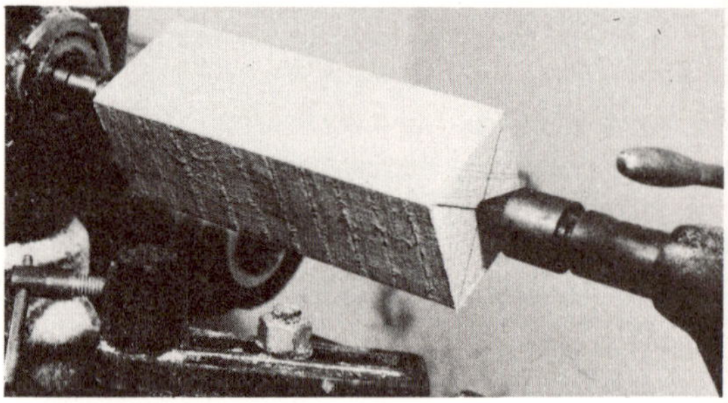

tar un tanto, de modo que si se eliminan primero esos bordes se puede cobrar mayor confianza. Evidentemente, en las tornerías que se dedican a la enseñanza, lo mejor es eliminar previamente las aristas cuando los alumnos tienen que tornear y, en todo caso, las virutas son muy buenas para hacer fuego.

Si se tiene cuidado al montar la madera en el torno no se presentarán dificultades, pero hay que proceder correctamente. A mí nunca me ha saltado del torno una pieza de madera, pero es algo que puede ocurrir; las cicatrices que ostentan muchos torneros lo demuestran. El punto del cabezal de arrastre se ajusta al mandril, junto con el expulsor de punto, si lo hay (Fig. 3). Si se posee un punto giratorio, se asegura a la contrapunta; de no tenerlo, se ajusta el punto fijo que viene de fábrica, aplicando primero algún lubricante a la madera.

Antes conviene retrasar un poco el vástago de este punto, ya que, si sobresale indebidamente al girar, puede ejercer una presión innecesaria.

Luego se apoya la madera en el punto de arrastre, introduciendo la punta de éste en la marca hecha a punzón, deslizando seguidamente la contrapunta a lo largo de la barra de la bancada, hasta que su punto se introduzca en la marca del otro extremo de la madera (Fig. 4). Una vez hecho esto, se ajusta fuertemente la contrapunta a la barra de la bancada, con la palanca de fijación, para que no pueda deslizarse, y a continuación se proyecta el centro hacia fuera, mediante el volante de mano, hasta que las uñas del punto de arrastre se hundan en la madera. Se da entonces media vuelta hacia atrás al volante de la contrapunta, para disminuir la presión, y se fija en esa posición. Este método es el que se aplica para las maderas blandas; si se trata de una madera dura, primero hay que clavarle con un martillo el punto del cabeal de arrastre (Fig. 5), o sajarla con la sierra para marcar el centro (Fig. 6), con lo que se evita sobrecargar los cojinetes del torno. Una vez hecho esto, se coloca el apoyo de herramientas en la posición necesaria. Volveremos sobre esto en la página 38.

Ahora vamos a hacer unas consideraciones acerca del montaje para el torneado al plato. Cuando se trata de tornear cuencos, fuentes, hueveras, ceniceros y objetos por el estilo, no se utiliza la contrapunta. En realidad, cuando se habla del torneado al plato, se hace referencia a cualquier tipo de tarea que no cuente con ese segundo punto de apoyo, de suerte que la expresión abarca a los trabajos en que la madera se asegura a cualquier tipo de plato, aparte del plato del torno. Para tornear cuencos o discos de más de 200 mm de diámetro se emplea el plato de torno (Fig. 7). Se rosca al mandril y se aprieta él solo con el uso. En las máquinas nuevas puede atascarse, sobre todo si se deja puesto durante la noche, ello debido a que durante el torneado recibe calor de los cojinetes, con lo cual se dilata y se ajusta más al mandril; al enfriarse, desde luego, se contrae, y se atasca. Esto puede remediarse poniendo una arandela de fibra detrás del plato, pero si ocurre que una se atasca demasiado, tendrá que atornillarle una tabla y tratar de desatascarlo golpeándola con un martillo o un mazo (en el sentido co-

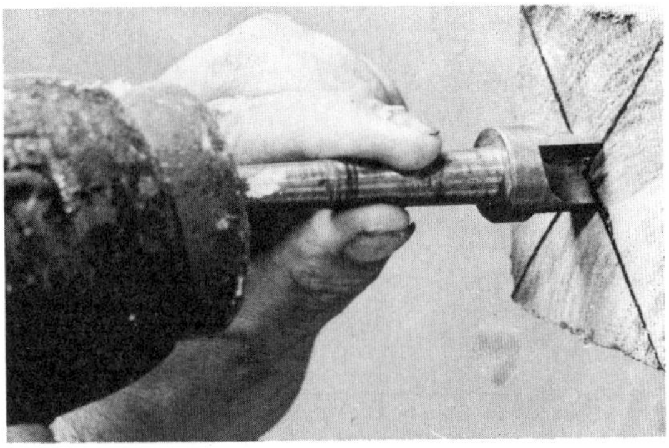

Fig. 5

Fig. 6

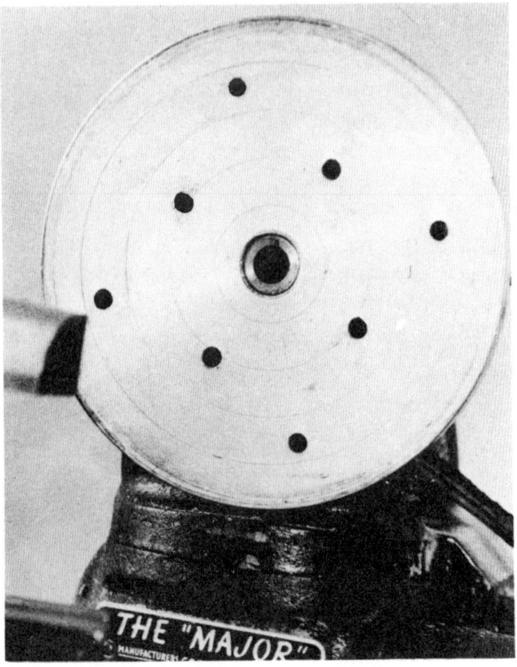

Fig. 7

Fig. 5 Cuando la madera es dura, puede incrustársele el punto de arrastre con un mazo de cobre o cuero, como se ve aquí.

Fig. 6 Marcado de un surco con el serrucho, para poder encajar el punto del cabezal de arrastre sin ejercer una presión excesiva sobre el cojinete del torno.

Fig. 7 Plato de tornear montado en el mandril del torno. Véanse los dos grupos de agujeros, por los cuales pasan los tornillos con los que se asegura la madera.

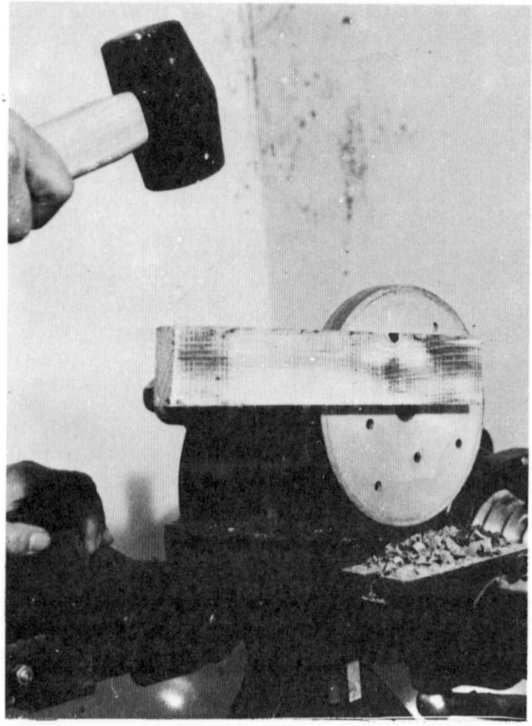

Fig. 8 Para aflojar un plato atascado, se le atornilla una tabla, que se golpea por el extremo.

Fig. 9 Si no se cuenta con una sierra de cinta, puede darse forma octogonal, con la sierra circular, a los bloques destinados a tornear boles o platos.

rrecto) (Fig. 8). Es una forma segura de aflojarlo y un método indudablemente preferible a otros más violentos que he visto aplicar.

El plato de torno trae varios agujeros (ocho, en el caso del que aquí se ilustra) y el material por tornear se fija a él con tornillos. Éstos deben ser gruesos y cortos, y conviene tenerlos presentes durante el trabajo, para no estropear la pieza y la herramienta. Si tiene una sierra de cinta, es mejor redondear con ella el cuadrado con el que se proponga confeccionar un cuenco o un plato antes de empezar a tornear; si no la tiene, puede recortarlo manualmente o con la sierra circular, dándole forma octogonal (Fig. 9).

En lugar del plato de torno, puede resultar muy útil el plato de tornillo para madera (Fig. 10), que suele venir en dos tamaños. El de 37,5 mm sólo tiene un tornillo central para sostener la madera, pero el de 62 mm trae otros dos agujeros para sendos tornillos. Suelen usarse tornillos corrientes, de cabeza embutida, n.° 14, de acero. Si se deterioran son fáciles de reemplazar, y pueden ajustarse de manera que la superficie quede protegida lo que resulta muy útil. Para hacer objetos pequeños tales como hueveras, bolas, etc., se usa el plato pequeño (Fig. 11), a fin de que su base no obstaculice el uso de las herramientas. El mayor sirve para tornear objetos de 20 a 23 cm de diámetro.

Los principiantes suelen ser escépticos respecto de la capacidad de sostén de estos platos, sobre todo el más pequeño, y temen que la pieza torneada salte en cualquier momento. Según mi experiencia, es prácticamente imposible que ello suceda, si la madera está correctamente ajustada, y siempre que no se haga demasiada presión con la herramienta o que ésta se clave. Los bloques de madera para el plato de un solo tornillo no deben tener más de 75 mm de longitud; teniendo esto en cuenta, todo irá bien. Si el objeto es más largo, como cuando se tornean jarrones, es

Fig. 10 Los dos tamaños de platos de tornillo que se aplican al torno Coronet. El de la izquierda es de 63 mm, con dos agujeros laterales para tornillos. El de la izquierda, de 37 mm, tiene un solo tornillo central.

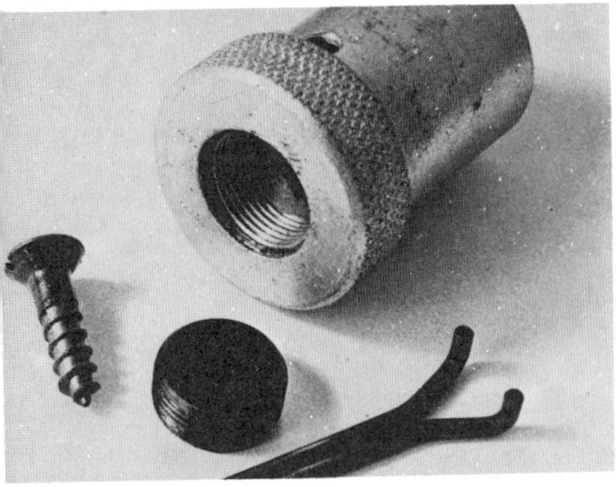

Fig. 11 El plato de tornillo de 38 mm desarmado. El pequeño instrumento de dos puntas sirve para apretar la parte roscada central, con lo cual el tornillo se sostiene firmemente.

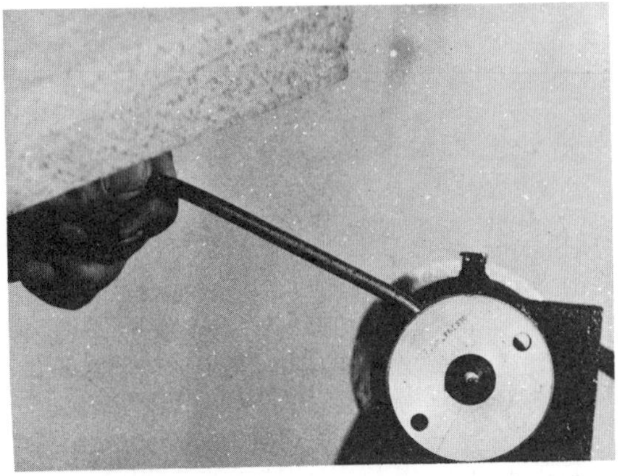

Fig. 12 Para desenroscar un plato de tornillo atascado, se usa una barra de acero a la que se le da un golpe seco con un trozo de madera.

mejor emplear el plato de tamaño mayor, o asegurar mejor la parte posterior del trozo de madera con la contrapunta, por lo menos hasta terminar de desbastarla.

No es difícil quitar estos platos del mandril; tienen un agujero por el cual se introduce una varilla, y es suficiente un golpecito seco para aflojarlos (Fig. 12). Existen otros modos de ajustar la madera en el plato del torno para algunos trabajos especiales, a los que nos referiremos en su momento. Una cosa que parece preocupar a algunos principiantes es la tensión correcta de la correa de transmisión, acerca de lo cual he de decir que debe estar lo bastante tirante como para que no patine cuando se hacen cortes profundos, pero no tanto como para sobrecargar el cojinete del motor. Una holgura de 13 mm en el centro es suficiente. La correa se tensa moviendo el motor hacia atrás o hacia adelante.

Aunque, desde luego, no he de decir que el torneado de la madera sea peligroso, hay que admitir que a veces se producen accidentes, por lo que conviene colocar el interruptor del motor de manera que pueda pararse rápidamente con la rodilla en caso necesario. La seguridad de los tornos es cuestión de sentido común, aunque haya gente que no tenga mucho. Hay que arremangarse siempre, quitarse la corbata y no llevar ropa demasiado suelta. Las herramientas deben descansar en su apoyo antes de que toquen la madera, y nunca hay que inclinarse sobre el torno mientras se trabaja.

Muchas de las ilustraciones de este libro pueden criticarse, y quizá, de hecho, sean criticables, porque la máquina que se ve en ellas carece de protectores. Estos se han quitado para mayor claridad de las fotografías, pero *siempre* hay que usarlos. Además, todas las fotos han sido tomadas con la máquina parada, de suerte que no ha habido peligro alguno.

Cuatro

Reloj de arena sostenido entre tres husos y dos discos, torneados en el plato de tornillo.

Se llama trabajo de ahusado al que consiste en sostener la pieza de madera por ambos extremos, entre puntos, en lugar de estarlo por uno solo, como en el torneado al aire. Lo mejor para el principiante es limitarse a esta clase de trabajo hasta que adquiera habilidad y confianza, porque por muchas razones, es más fácil y menos peligroso que el torneado al plato.

Para ahusar no deben usarse raspadores. Lo digo categóricamente, porque la acción de una herramienta de éstas entre puntos es algo decididamente erróneo (Fig. 1). Los raspadores tiran y arrancan las fibras de la madera, dejando un acabado deplorable, y lo mejor sería abandonar el aprendizaje antes de hacerse a su uso o, lo que es peor, de usar para raspar las herramientas de corte. Y digo peor porque, aunque los raspadores tengan aplicación en el torneado al plato, no hay excusa alguna para raspar con una herramienta de cortar. Como he dicho antes, no se precisa habilidad alguna para manejar un raspador, y es mucho más gratificante hacer las cosas como es debido, aunque al principio sea más difícil.

En las escuelas y colegios, donde la responsabilidad del maestro es grande, es comprensible que se usen esas herramientas; pero si lo que a usted le interesa es llegar a ser un verdadero artesano, evítelas, y úselas solamente cuando corresponda. Las maneras de ir dando forma a la madera en el torno se han ido descubriendo paulatinamente a lo largo de siglos, y éstas son las únicas que vale la pena enseñar y transmitir.

El primer paso del trabajo de ahusado es hacer con la madera un cilindro tosco, lo que se llama el desbastado, dejando de lado el pulimento periférico, que a esta altura no tiene gran importancia. Se emplea una gubia similar a la de la figura 2, y la manera de usarla es igual en todos los casos, sin importar su tamaño. Lo que se precisa es llegar al cilindro tosco lo más rápidamente posible, a fin de tener tiempo suficiente para tornear los detalles y llegar al acabado.

Una vez montada la madera en el torno de forma correcta y segura, se ajusta el apoyo de herramientas. Esto plantea otra cuestión habitual: ¿a qué altura situarlo? A mero título indicativo, creo que lo más que puede acercarse a la pieza por tornear es 3,2 mm, y hacia el centro del trabajo. Existen casos, como veremos, en que la altura es de suma importancia, pero éste no es uno de ellos. En caso de que la posición no sea cómoda, se puede subir o bajar un poco, si bien la posición óptima depende del bisel de la gubia. La herramienta debe tener un punto de apoyo cerca del trabajo, para controlarla mejor y reducir los riesgos de pillarse los dedos entre ella y la madera. Mientras el tornero se sienta cómodo y la herramienta corte con facilidad, la altura exacta no importa mucho. Una vez apoyada la herramienta en la posición en que se vaya a trabajar compruebe que todo está seguro y haga girar el torno con la mano, para verificar que la madera no choca con el apoyo.

Es entonces cuando puede ponerse en marcha el torno y comenzar el trabajo de desbastado. Se sostiene la gubia como en la figura 3, ligeramente inclinada a un lado y apuntando en el sentido de corte. Asegúrese de que descansa bien en el apoyo antes de empezar a cortar. El corte se empieza aproximadamente a unos 5 cm del extremo de la madera, empujando suavemente hacia delante la herramienta, y sin olvidar nunca que el bisel debe ser tangente a la circunferencia de corte. Durante todo el tiempo que se tornea hay que tener presente el bisel, y así no habrá dificultades, porque es la clave de todo. Si se sostiene el mango demasiado bajo, la herramienta no cortará; si está demasiado alto, en lugar de cortar raspará, y su hermoso filo se irá al traste en poco tiempo. Las personas que suelen quejarse de que los filos no les duran, no se dan cuenta de que su estilo de trabajo es más de raspar que de cortar. Haga luego correr la herra-

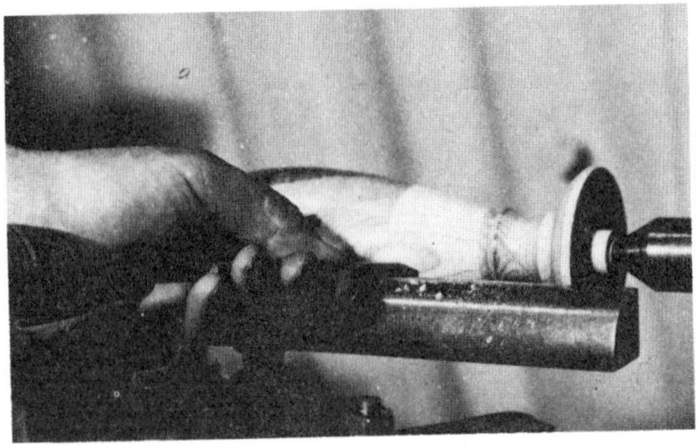

Fig. 1 Uso de un raspador en un torneado entre puntos. Nótese que el acabado es muy tosco, en nada parecido al de una gubia o un formón.

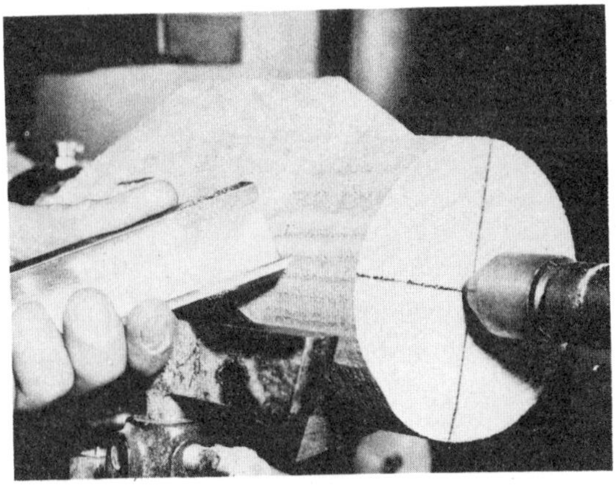

Fig. 2 Conversión de una pieza de sección cuadrada en cilindro, con una gubia de desbastar. Adviértase que la herramienta está ligeramente de lado e inclinada en el sentido de su desplazamiento.

Fig. 3 Redondeado del extremo de un cilindro desbastado, también con la gubia de desbastar. Véase la posición en que se sostiene la herramienta.

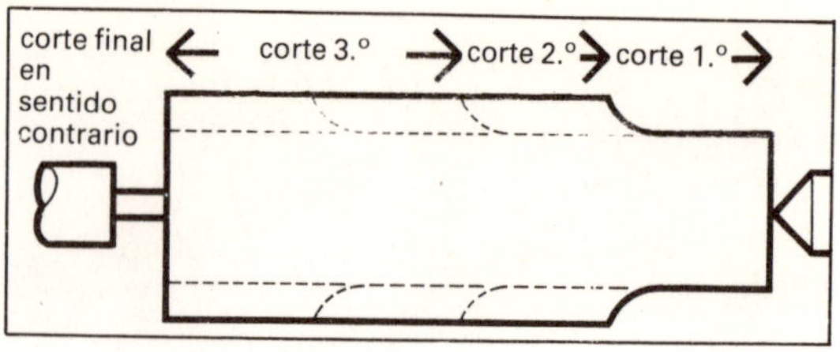

Fig. 4 Etapas para desbastar un cilindro con el trozo de madera de sección cuadrada. Nótese que los cortes no empiezan en los extremos de la madera.

mienta hacia el extremo, manteniendo la mano contra el apoyo, como guía, y repita el corte una o dos veces. Luego se reanuda el proceso desde el principio, por etapas, hasta llegar al extremo opuesto, como indica el croquis de la figura 4. La última parte se corta en sentido contrario a las demás de forma que la herramienta salga por el extremo de la madera. Empezar por el extremo hacia dentro es difícil y peligroso para el principiante.

Si en este momento se detiene el torno y se examina el trabajo, puede descubrirse que se necesita un poco más de corte para llegar a la forma cilíndrica, pero unas pocas pasadas más, con la misma gubia, corrigen el defecto. Es difícil empezar el desbastado por el extremo cuando la madera tiene sección cuadrada; además, se corre el riesgo de hacer saltar una astilla grande, con el consiguiente peligro para el tornero.

Aunque no sea estrictamente necesario, trate de adquirir el hábito de hacer estos cilindros lo más rectos y uniformes que pueda, sin variaciones de diámetro apreciables. Además de ser motivo de orgullo, es una buena práctica. Si le salen ondulaciones, en lugar de mirar la herramienta mire al borde superior de la madera y todo le resultará mucho más sencillo. Esto puede parecer difícil, pero no lo es más que cambiar de velocidad en el automóvil sin mirar a la palanca.

Si la gubia no es muy grande y la forma que se desea obtener es lo bastante sencilla, quizá se pueda hacer todo el trabajo sin cambiar de herramienta; pero las gubias de desbastar no suelen servir para las concavidades, porque están amoladas con el filo perpendicular a los lados. Se pueden hacer surcos no muy profundos, pero no hay que intentar ahondarlos, para lo cual se requiere una gubia de ahusar con la punta redondeada, precisamente destinada a este trabajo.

Antes de aspirar a realizar proyectos muy definidos, hay que dominar los cortes básicos, practicándolos hasta que a uno le salgan sin dificultades. Esto puede parecer aburrido a primera vista, pero no creo que lo sea en la práctica. Los canales, como en la figura 5, se practican con una gubia de ahusar, de medidas apropiadas para el ancho y la profundidad requeridos. El procedimiento se muestra en las ilustraciones y se lleva a cabo de la siguiente manera: primero se marca en la madera el ancho del canal, con un lápiz o con la punta de un formón oblicuo. Si el canal va a ser ancho, se empieza a cortar por el medio y se la va ensanchando hacia ambos lados; si va a ser estrecho, se puede empezar por los extremos, terminándolo en dos cortes. Se empieza la operación con la gubia apoyada sobre uno de sus lados y en ángulo recto con el apoyo de herramientas (Fig. 6), se la empuja hacia la madera y se la va haciendo rodar con un movimiento de pala, haciendo al mismo tiempo descender el mango para que el corte se interrumpa en el fondo del surco (Fig. 7). Luego se repite la operación desde el lado opuesto, para completar el canal. Hasta haber dominado la técnica, quedará siempre en el centro un poco de madera sobrante.

Todo trabajo de corte con gubias y formones debe hacerse de arriba hacia abajo; en otras palabras, yendo del diámetro más grande al más pequeño, de modo que la herramienta siga la veta de la madera. Si se intenta hacerlo al revés, se corre el riesgo de que la herramienta se clave, y aunque esto no ocurra, el acabado resultará malo, ya que el cortar contra la veta produce siempre una superficie áspera. Algunos alumnos se proponen cortar canales ya desde el principio, mientras que a otros les parece un desafío mayor. La regla de oro es la paciencia, y practicar sin desmayo hasta ser capaz de cortar una serie de canales iguales con facilidad. Puede hacerse una figura como ésta fácilmente, aplicando directamente un raspador a la madera, pero yo le sugiero que lo intente y luego compare los resultados con los que produce una gubia afilada.

Un problema que suele presentarse en los cortes de este tipo es que la gubia resbale a un lado al ponerla en contacto con la madera. Cuando está usted solamente practicando no es muy malo que ocurra, pero, ¡espere a que le suceda justo cuando esté terminando algún trabajo especial, y le arruine la superficie! Este problema se resuelve poniendo el pulgar en el apoyo de herramientas, debajo de la hoja, y atacando sin vacilación el corte. La gubia resbala, sencillamente, porque hasta que ha empezado a cortar la madera, no tiene dónde apoyar el bisel, con lo que violamos nuestra regla de oro. Al principiante puede serle de ayuda abrir unos surcos delgados con el escoplo separador, antes de aplicar la gubia. Aunque sean estrechos, estos surcos ofrecen apoyo suficiente al bisel, y ya todo irá bien. Pero cuando se ha adquirido práctica, no es necesario.

Las molduras son lo exactamente opuesto a los canales (Fig. 8) y pueden cortarse con varias herramientas. Hasta existe una específica, llamada cincel de afolar, que puede ser un escoplo ancho o un formón estrecho, según se lo mire. Puede hacerse el trabajo con éste pero también sirve una gubia de ahusar pequeña. Los mejores resultados, en realidad, se obtienen con cualquiera de los dos extremos de un formón oblicuo. Lo mismo que los canales pequeños, las molduras pequeñas pueden hacerse en dos cortes; los más anchos se empiezan por las marcas límites y se van

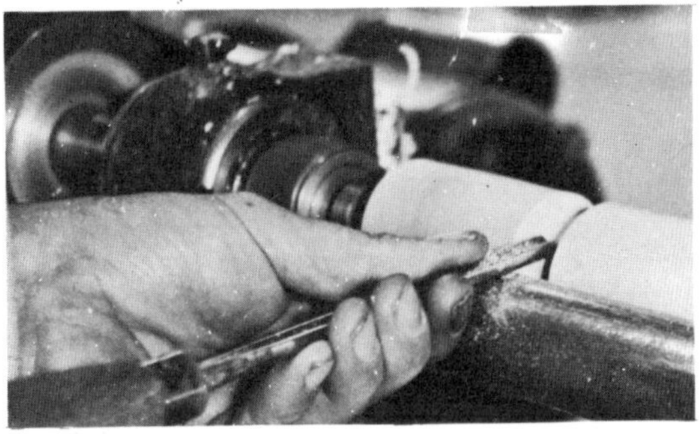

Fig. 5

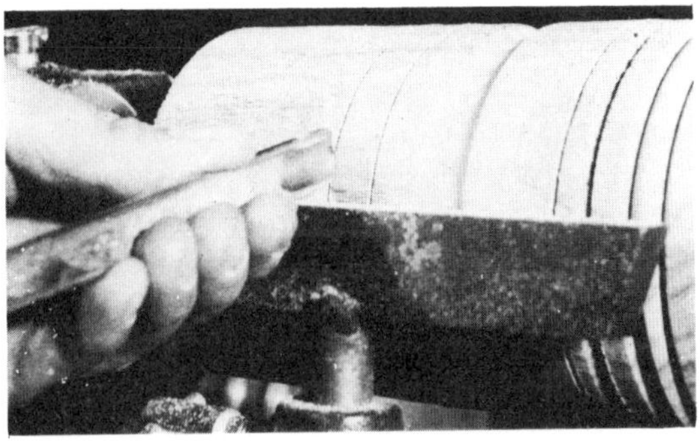

Fig. 6

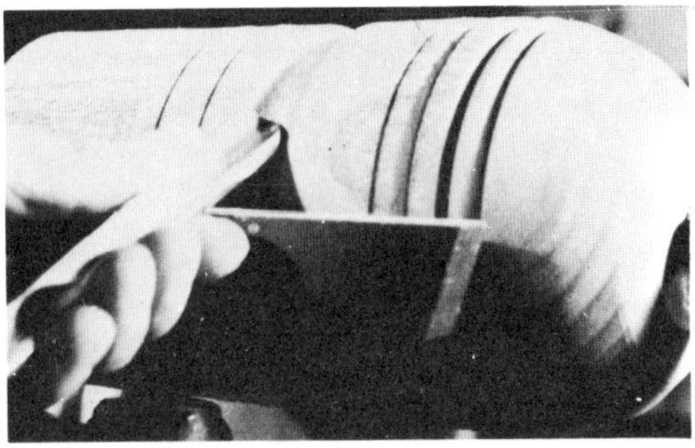

Fig. 7

Fig. 5 Corte de un canal, con una gubia de ahusar pequeña.

Fig. 6 Comienzo del corte de un canal. Se marca ésta y la herramienta se acerca a la madera formando ángulo recto con su apoyo, completamente sobre un lado.

Fig. 7 Posición de la herramienta en el centro del corte de un canal. Se ha bajado el mango y se ha hecho rodar la herramienta hasta apoyarla sobre el dorso.

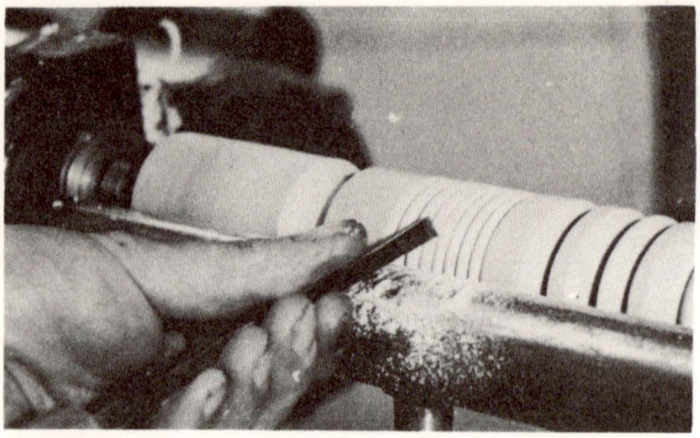

Fig. 8

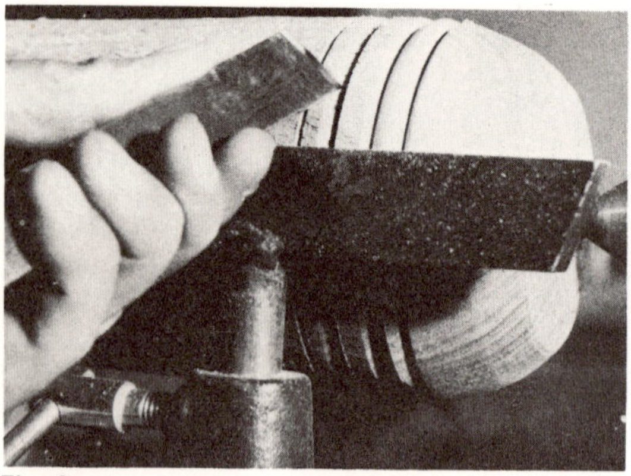

Fig. 9

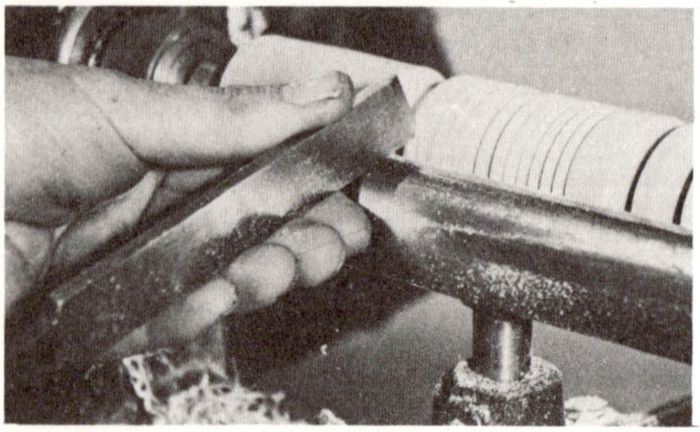

Fig. 10

Fig. 8 Corte de molduras pequeñas con escoplo separador.

Fig. 9 Modelación de una moldura con la punta aguda de un formón oblicuo. Se ve claramente que la forma de la sección del apoyo de herramientas es, en este caso, la menos conveniente.

Fig. 10 Acabado del corte de molduras. Adviértase que el formón termina apoyado completamente en uno de sus lados.

ensanchando hasta lograr la forma requerida (Figs. 9 y 10). Las ilustraciones aclaran el procedimiento de corte, que en la explicación puede parecer más complicado de lo que realmente es.

Primero se marca el tamaño y posición de la moldura, como se hace con los canales, con un lápiz o con la punta aguda de un formón oblicuo. Para cortarla, puede usar la punta opuesta del mismo formón, si lo desea, pero le resultará mejor valerse de la más aguda, que le permite ver cómo va el trabajo. Al usar el formón oblicuo, tenga presente que es la punta aguda la que empieza el corte, y sólo con ella se debe continuar el resto del trabajo. Se empieza con este formón en ángulo recto al apoyo, apretándolo contra éste, aunque no demasiado. Para este trabajo quizá convenga que el apoyo quede ligeramente por encima del centro de la pieza torneada. Se comienza a cortar con la punta aguda, moviendo el formón a lo largo del soporte y, al propio tiempo, haciéndolo girar, de suerte que la punta describa un arco, terminando completamente el corte con el lado de la herramienta, siempre mantenida a 90° grados respecto del apoyo (Fig. 11). Es bueno levantar ligeramente el mango al concluir el corte. Los principiantes tienden a torcer la herramienta demasiado pronto, de suerte que la punta no describe un arco verdadero, sino una curva muy rápida, y el resultado no es una moldura, sino una «uve» invertida. La otra mitad de la moldura se corta de la misma manera, para lo cual también se precisa mucha práctica. Conviene ensayar con madera blanda o con uno o dos tacos del almacén de maderas. Después de todo, ¿para qué desperdiciar madera buena?

El corte en «uve» (Fig. 12) es más fácil. Se usa también la punta aguda del formón oblicuo, que se aplica suavemente a la madera desde un lado y otro, empezando con una «uve» pequeña que se va ensanchando hasta que alcance la dimensión deseada. Esa punta del formón nunca debe hundirse demasiado fuertemente en la madera. Desde luego, existe un límite para su velocidad de penetración, que lo establece su misma forma; si se fuerza la velocidad, la punta se recalienta y se daña el temple del acero. El formón oblicuo no es la herramienta más fácil de dominar, pero sí una de las más útiles, así que conviene familiarizarse con él. Hay que tenerlo constantemente bien afilado, ya que así es más fácil de manejar.

El corte que provoca mayores dificultades es el de pulido, o corte de acabado, que es también muy importante. Posiblemente haya recibido más cartas acerca de este asunto que de cualquier otro, de suerte que trataré de explicar la técnica y exponer qué es, exactamente, lo que produce las dificultades. Las dos cuestiones principales son que el bisel siempre roce la madera —lo mismo que en cualquier otro tipo de corte—, y que las virutas salgan solamente por la parte debida de la hoja, esto es, entre el centro y la punta más corta. La posición que debe tener el formón oblicuo para esta operación se muestra en la figura 13. Las cosas se facilitan mucho colocando bastante alto el apoyo de herramientas, casi en línea con el borde superior del trabajo.

Voy a formular aquí otra regla de oro: en todos los cortes en los que se use el formón oblicuo, y especialmente en éste al que nos referimos, sólo se usa la parte de la hoja que descansa directamente en el apoyo de herramientas. Si esto se entiende cabalmente, no habrá dificultades con la herramienta. Se advertirá que, en la posición que se ilustra, la herramienta no puede sustentarse perfectamente en su apoyo, sino que sólo se apoya la parte del ángulo obtuso, de suerte que si el corte se produce entre el centro de la hoja y la punta más larga, habrá problemas. Hay que intentar que la herramienta saque viruta y no serrín, y ello, con la parte del filo indicada. Si deja que la herramienta corte muy cerca de su centro estará jugando con fuego; por el contrario, si el corte se hace exactamente con la esquina más corta, la

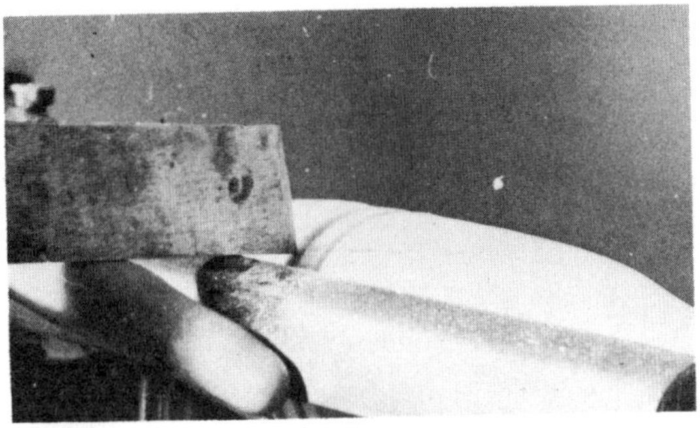

Fig. 11

Fig. 12

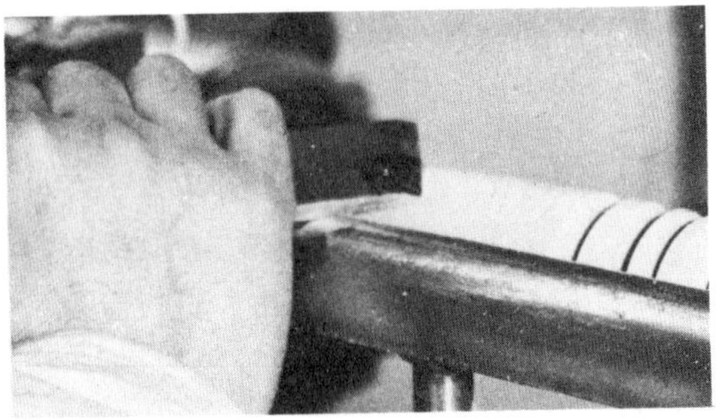

Fig. 13

Fig. 11 Terminación del corte de una moldura, con la herramienta perpendicular a su apoyo y sobre uno de sus lados. Al final del corte se levanta ligeramente el mango.

Fig. 12 Uso del formón oblicuo para un corte en «uve». Este corte se ensancha mediante cortes alternativos por ambos lados, hasta lograr la forma y tamaño deseados.

Fig. 13 Posiciones correctas de la herramienta y su apoyo, para el corte de pulido con el formón oblicuo.

Fig. 14

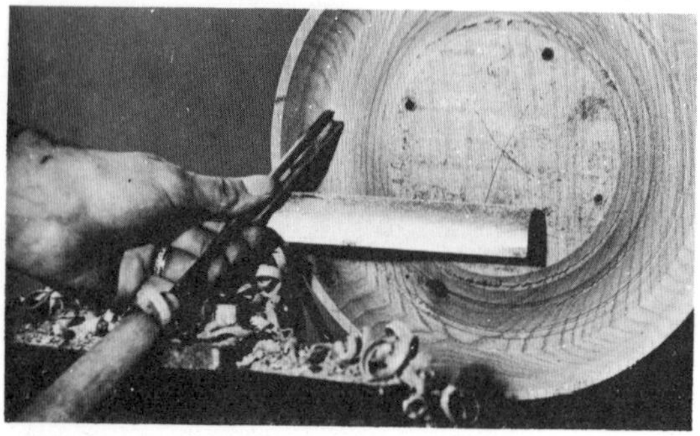

Fig. 15

Fig. 14 Herramienta sostenida agarrándola por arriba.

Fig. 15 Herramienta sostenida con la mano por debajo.

herramienta despedirá muchos desechos y le resultará difícil ver qué está pasando. Si se tuerce la herramienta con excesiva rapidez, de modo que el contacto con la madera se produzca fuera del punto medio, la rotación de la pieza impulsará la herramienta hacia el apoyo y será la esquina larga la que corte.

Este principio es tan importante que le sugiero ensayarlo con el torno parado, con ayuda de un amigo que lo haga girar lentamente con la mano. Ponga el formón en una posición que pueda hacer salir una viruta y luego, paulatinamente, vaya torciendo la herramienta, hasta que el corte trasponga el punto medio. De inmediato se dará cuenta de lo que ocurre, mucho mejor de lo que yo o cualquier otro puedan explicarle, e indudablemente imaginará lo que eso significa a mil revoluciones por minuto.

Recuerde que de este tipo de corte, como en todos los que se hacen con formón o gubia, deben producirse virutas, no serrín. Si lo que sale es serrín, es porque la herramienta está en mala posición, porque está desafilada o por ambas cosas, y el acabado del trabajo será inferior. El corte debe ser neto, como hecho con un cuchillo; si practica con material de desecho, el tornero ganará mucho tiempo a lo largo de los años. La mejor manera de ensayarlo, para un principiante, consiste en colocar el formón sobre la madera, de forma que el filo la sobrepase y no llegue a cortarla, y luego retirarlo lentamente hacia atrás, elevando el mango al mismo tiempo, hasta que empiece a cortar. Entonces puede ponerse la herramienta de través respecto de la madera. Después de un tiempo de práctica, se comprobará que es bastante fácil.

Con frecuencia he advertido que los alumnos tienden a agarrar mal las herramientas, quizá por miedo de que las manos les queden demasiado cerca del trabajo. Las ilustraciones dejan ver que yo empleo dos posiciones básicas de las manos (Figs. 14 y 15), aunque esto no es tan importante y el aprendiz puede hacerlo a su gusto. Lo que sí importa es que una parte de la mano pueda correr por el apoyo de herramientas para hacer de guía. Si se sostiene la herramienta desde demasiado lejos con las manos separadas del apoyo, el control es mucho menor y, por tanto, mayores los riesgos de que se clave en la madera.

Puede que a alguien le interese practicar este corte de pulido, usando el formón oblicuo, en una concavidad (Fig. 16), y le ocurra que la arista posterior del bisel haga marcas en el trabajo. La solución consiste en matar dicha arista en la muela, de forma que quede muy suave, como indica el croquis de la figura 17.

Otra técnica peliaguada, hasta que se acostumbra uno a ella, es el redondeado de los extremos de los cilindros con el formón oblicuo (Fig. 18). Vale la pena perfeccionarse en ella, pues es un tipo de corte que se presenta con frecuencia, en distintas variantes, y si se practica adecuadamente, se puede dar a la madera un acabado similar al del mármol. Quizás sea más difícil que el corte de acabado corriente porque hay que mecer el mango de la herramienta a fin de mantener el bisel frotando correctamente la madera. Por lo demás, el principio es el mismo que para el corte anterior, pero si no se mueve el mango para que el bisel roce constantemente la madera, la herramienta no tardará en clavarse o rebotar. Este mismo principio es el que se utiliza para tornear una esfera con el formón oblicuo, y si es capaz de aplicarlo con propiedad, será muy poco lo que le quede por aprender del manejo de esta herramienta.

El formón oblicuo es magnífico para rematar los extremos de un trabajo (Fig. 19), porque deja a la madera una superficie inmaculada. Esta terminación puede hacer-

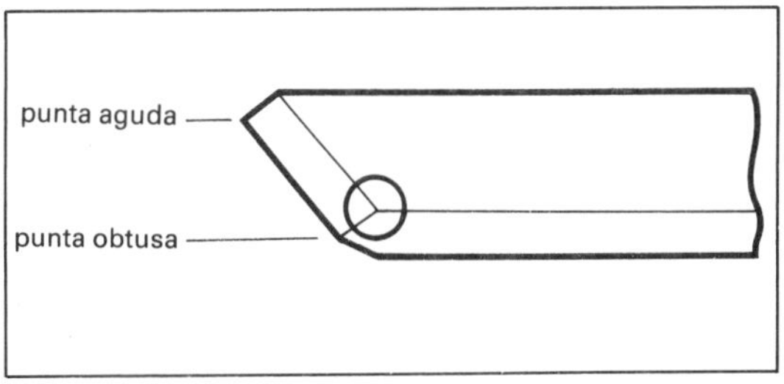

Fig. 17 Formón oblicuo. La zona señalada con el círculo se pasa por la muela para matar la arista, con el fin de evitar las marcas en la madera al usar la herramienta en depresiones.

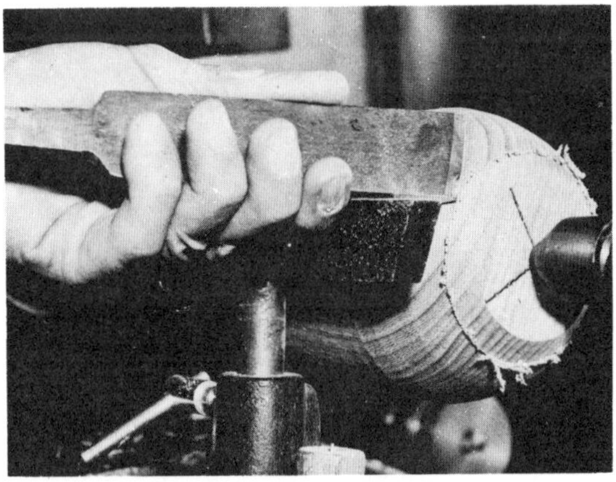

Fig. 18 Redondeado del extremo de un cilindro con el formón oblicuo. El bisel debe estar constantemente en contacto con la madera, por lo que hay que oscilar el mango a medida que se corta.

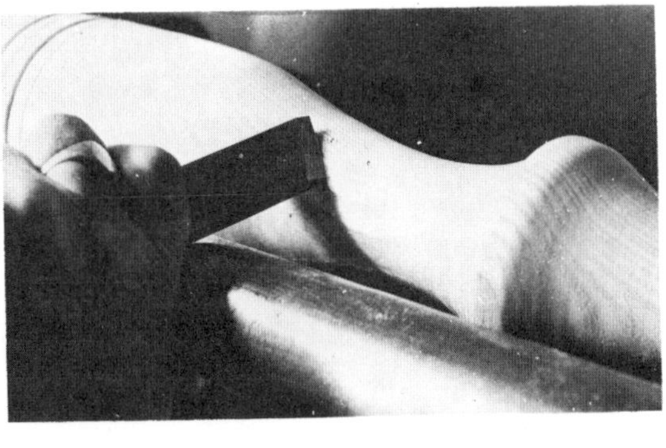

Fig. 16 Uso del formón oblicuo para un corte de pulido, en una depresión poco profunda.

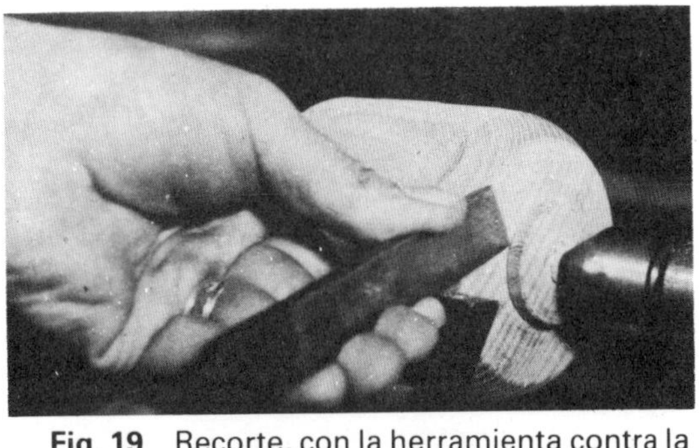

Fig. 19 Recorte, con la herramienta contra la veta de la madera, de una pieza torneada. Para esto se usa la punta aguda del formón oblicuo, siendo dicha punta lo único que corta.

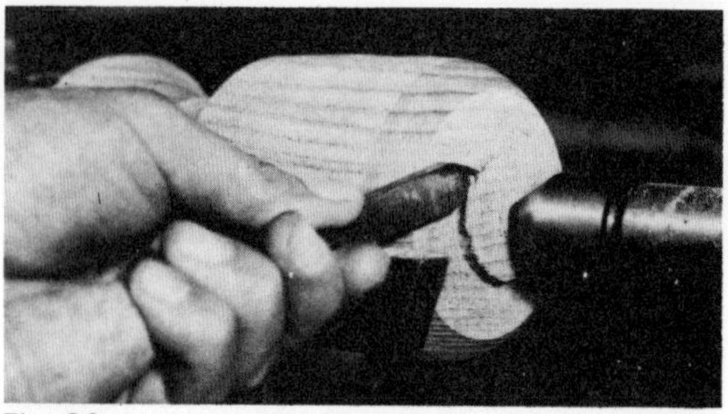

Fig. 20

Fig. 21

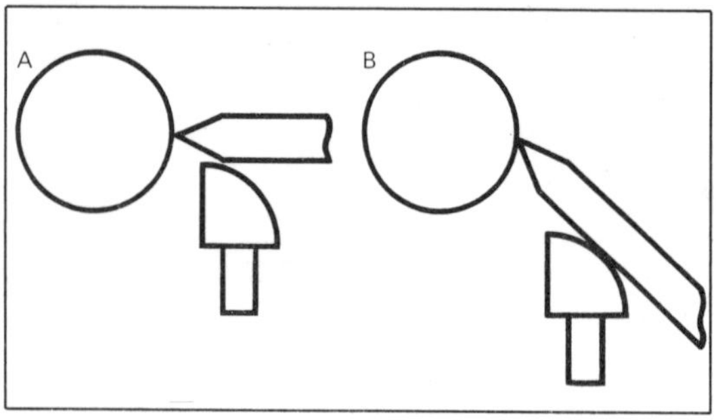

Fig. 22

Fig. 20 Para rematar el extremo de una madera puede usarse un escoplo separador, pero la superficie queda tosca.

Fig. 21 Aquí se ve el uso del escoplo separador y el calibre, para fijar diámetros, es un trabajo de torneado de copia.

Fig. 22 Usos correcto y erróneo del escoplo separador. **A)** uso incorrecto: la acción que ejerce es de raspado y pierde el filo; **B)** correcto: se baja el apoyo de herramientas y el ángulo en que queda el escoplo le permite cortar.

se también con un escoplo separador, pero desgarrará las fibras de la madera y será necesario dar el acabado final con el formón oblicuo (Fig. 20). En esta operación, lo único que corta es la punta propiamente dicha, y es imprescindible que el resto de la hoja esté ligeramente inclinado y apartado de la madera, pues de lo contrario puede clavarse irremisiblemente. Sólo pueden hacerse cortes ligeros, pues si se trata de hundir demasiado la punta, puede recalentarse.

El escoplo separador, se emplea mucho en el trabajo de ahusado y sirve también para tornear al plato, pero precisamente por ser fácil de usar y carecer de características negativas, los principiantes suelen aplicarlo a tareas en las que son más propias otras herramientas. Quien desee aprender correctamente el oficio debe resistir esa tentación. Uno de sus usos principales es el que ilustra la figura 21: fijar diámetros en una pieza sometida a ahusado. Los puntos importantes se marcan en la madera con un lápiz, y se fijan los calibres a los diámetros deseados, con arreglo al diseño o plano que se desee realizar, dejando un exceso de aproximadamente 1,5 mm para el acabado final y el lijado. Las maneras correcta e incorrecta de usar esta herramienta difieren considerablemente. Está mal hundirla directamente en la madera; lo que se hace en este caso es, en realidad, raspar. Perderá el filo rápidamente, el corte será muy tosco y en lugar de virutas producirá basura. En realidad, esta herramienta viene a ser un formón muy pequeño, de suerte que hay que conservarla afilada y emplearla sólo para cortar.

Cuando se usa un escoplo separador, hay que bajar un poco el soporte de herramientas y apuntarlo hacia arriba, en posición bastante empinada, como en el croquis de la figura 22, de modo que si el mango se levanta mientras se hace el corte, el filo describa un arco en su movimiento hacia delante, permaneciendo en posición fija en relación con el eje del trabajo. Si se hace así, saldrá viruta, el corte será suave y el filo durará más tiempo. Esta herramienta es interesante si se la usa para las funciones que le son propias, y nos referiremos a ella detalladamente más adelante; de cualquier modo, no debe usársela, para tornear molduras ni para ahuecar hueveras.

Por último, los raspadores, a los que yo, considero un mal necesario. He visto algunos trabajos excelentes hechos por medio del raspado y si alguien tiene tiempo de sobra, paciencia, papel de lija y pulmones resistentes al polvillo, el método puede resultar atractivo. Pero no es buena tornería y lleva demasiado tiempo. Cuando tenga que usar un raspador, recuerde que debe sacar viruta y lo hará si está debidamente afilado. El aprendiz obtendrá mayor provecho si restringe el empleo de los raspadores a las ocasiones esenciales y sólo para tornear al plato.

En los capítulos sucesivos del presente libro se analizan otras formas más avanzadas del trabajo de ahusado, pero querría aquí referirme de paso a un par de problemas que pueden presentarse. Se refieren al trabajo de ahusado en el que la pieza resulta delgada en relación con su longitud. Una de las dificultades que de vez en cuando se presentan es que la pieza se parte a causa del efecto de cuña que produce el punto de arrastre. Esto se remedia en parte usando el punto de cuatro o cinco uñas, pero el accidente puede producirse igualmente porque entonces puede ser la contrapunta la que haga de cuña. La respuesta, aunque parcial, consiste en aligerar un poco la presión de la contrapunta sólo un poquito —para no provocar otros problemas, como las vibraciones—, aparte de que, si la pieza está de verdad floja, saltará del torno. Este problema del partido es, en realidad, secundario, pero existen otros de los que dudo que algún tornero haya logrado escapar alguna vez.

A uno de ellos se le llama latigueo, y se produce en trabajos como el que ilustra la figura 23, en el que se ha hecho una labor de ahusado con un diámetro bastante reducido respecto de la longitud. El trabajo se hace más difícil a medida que decrece el diámetro, porque, en estos casos, la madera actúa casi como una cuerda de saltar a la comba. Hay dos modos posibles de remediarlo. Uno es sostener el trabajo con una mano, mientras se tornea con la otra, como hago yo (Fig. 24); y el otro consiste

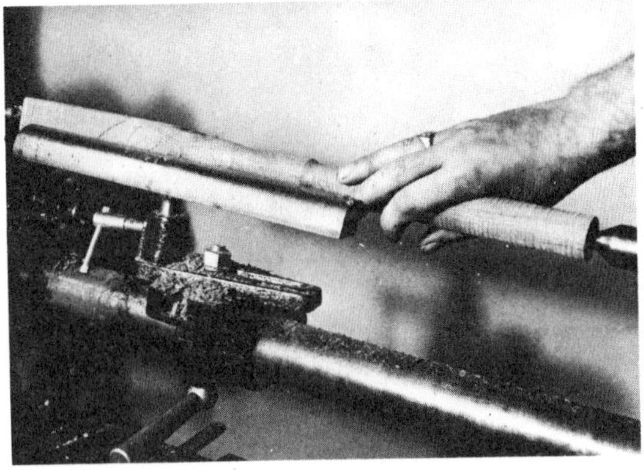

Fig. 23

Fig. 24

Fig. 23 Una pieza de diámetros reducidos tiende a dar latigazos. Esto puede remediarse sosteniéndola con la mano o por medio de una luneta.

Fig. 24 El trabajo sostenido con la mano izquierda, mientras se tornea con la derecha.

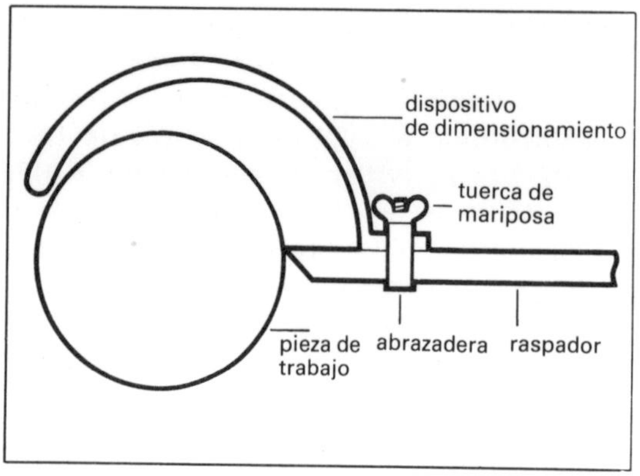

Fig. 25

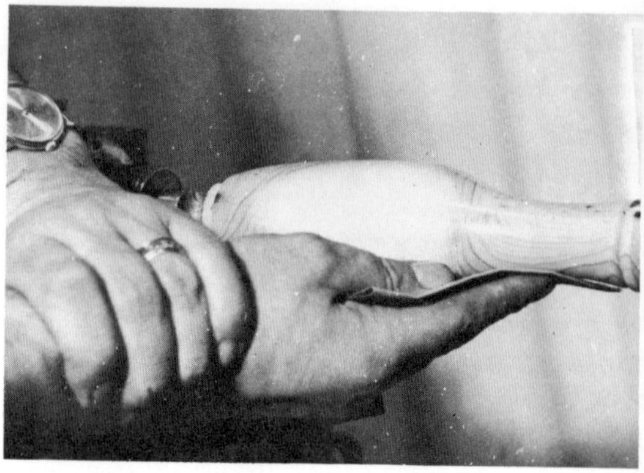
Fig. 26

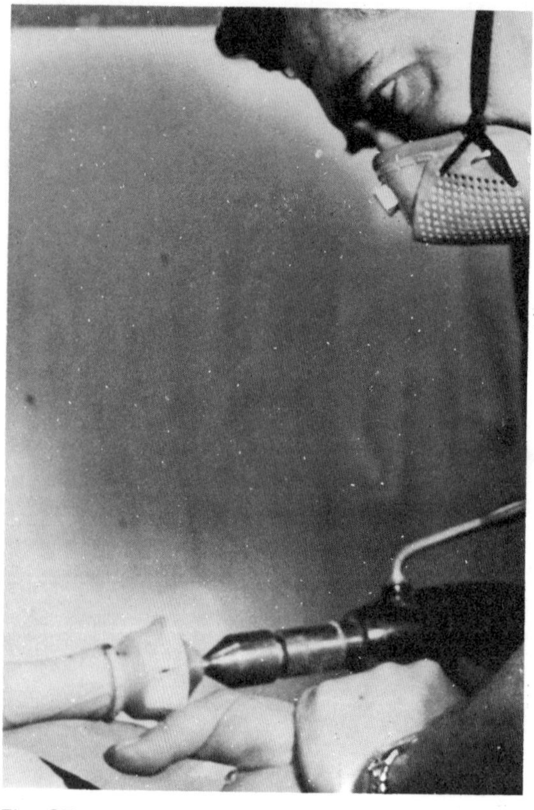
Fig. 27

Fig. 25 Se raspa el trabajo hasta que el dispositivo de dimensionamiento cae sobre él. La posición del dispositivo sobre la hoja del raspador es variable a voluntad.

Fig. 26 Manera correcta de aplicar el papel de lija en el torno. Se hace debajo de la madera, sosteniéndose una mano con la otra, y se mueve la lija rápidamente hacia ambos lados, para que no se formen anillos.

Fig. 27 Se recomienda usar máscara para lijar.

en ayudarse con una luneta. Muchos fabricantes las hacen de metal, y son muy útiles, pero dejan marcas en la madera. También puede fabricárselas uno mismo, como hacían los viejos torneros. Ninguno de los dos procedimientos es seguro al cien por cien y, de ser posible, conviene hacer los trabajos largos por segmentos, uniéndolos, una vez torneados, con pasadores y casquillos.

Un problema todavía más grave de solucionar es el de los nervios o marcas en espiral que van apareciendo en el trabajo.

Parece deberse a muchas causas, como que la pieza de madera esté floja en el torno, que los cojinetes del cabezal de arrastre tengan holgura, que el filo de la herramienta arrastre consigo la pieza y algunas otras. En algunos casos es imposible resolverlo; lo único que puede hacerse es lijar la pieza una vez torneada; pero generalmente es posible disminuir el efecto ayudándose con la otra mano o empleando una luneta. Los torneros antiguos usaban unos trozos de cuero que se ataban a la palma de la mano, pero son innecesarios. El formón oblicuo es el que parece producir más nervios, de suerte que una solución puede ser optar por una gubia afilada, cuya acción cortante es distinta.

Para el acabado final se usará papel de lija, pero confío en que no sea mucha cantidad, y le recomiendo que antes de empezar quite los apoyos de herramientas y demás accesorios, para mayor seguridad. El papel se aplica al trabajo por debajo (Fig. 26), sosteniendo una mano con la otra. De esa manera, el serrín y el polvo van hacia el lado contrario adonde usted se encuentra, lo mismo que el trozo de lija, si el torno se lo arranca de la mano. Al lijar debiera usarse siempre una máscara como la de la figura 27, para proteger los pulmones, y mover rápidamente el papel a un lado y otro, pues de otra manera, se producirían anillos en la madera.

Cinco

La confección de patas de muebles, que antiguamente era uno de los trabajos principales del tornero, ya no resulta económica, considerando el escaso precio de las piezas producidas en serie. Éstas son, en su mayoría, de madera de haya, adecuada para muchos usos. Pero es posible que al tornero se le pidan repuestos de patas rotas, o para muebles antiguos, de manera que conviene que sepamos cómo hacerlas, porque tendremos que confeccionarlas en tipos específicos de madera. Si el trabajo lo encarga un profesional del mueble, habitualmente proporcionará el diseño y el trozo de madera adecuada, encargándose luego él mismo de teñir y barnizar el artículo. Las patas que aquí se describen son interesantes, pero consumen mucho tiempo, y se precisa ser muy cuidadoso con las mediciones para poder hacer un juego que verdaderamente no ofrezca diferencias. Hasta ahora nos hemos encargado de que la madera estuviera montada centralmente en el torno, de modo que descentrarla deliberadamente será una novedad.

Con los métodos de torneado descentrado que se expondrán en este capítulo, podremos hacer patas cabriolé, zambas, patitas para cajitas de joyas o bisutería, así como objetos ovales, tales como mangos de martillo, lámparas de mesa o candeleros. Los procedimientos no son difíciles de seguir, pero hay que hacerlo lentamente y con cuidado si se quiere realizar un buen trabajo. La pata cabriolé no se hace, en realidad,en el torno —aunque sí puede tornearse el pie—, pero requiere mucho trabajo con herramientas de mano y para hacerlo, la madera puede estar sostenida en el torno. Para este tipo de trabajo, es ideal una sierra de cinta, pero si usted no tiene, será suficiente un serrucho de calar.

Pieza en bruto para hacer una pata cabriolé, una vez concluido el trabajo en la sierra de cinta.

La forma de la pata se marca en dos caras adyacentes de la madera, de sección cuadrada (Fig. 1), con una plantilla de cartón, o se le pegan plantillas de papel. Se corta cuidadosamente siguiendo el trazado de una de las caras, y la madera sobrante se vuelve a poner en su lugar, sujetándola con cinta adhesiva o con clavitos. Así se cuenta con un sostén del hueco al cortar por la otra cara, con lo cual el trabajo está listo para ir al torno. Si se desea, puede dejarse un trozo extra de madera en la rodilla, para tallarle algún motivo decorativo. El torneado necesario para confeccionar estas patas se hace sobre dos centros, que se marcan en el taco antes de cortar (Fig. 2). En todos los trabajos de esta clase hay que prestar especial atención a la posición del apoyo de herramientas, para que no estropee la madera. Montando la pieza en los centros A, damos forma al pie con una gubia de ½ pulgada (12,7 mm). Montándola después en los centros B, podremos hacer los cortes finales del pie para su conexión con la pata, y de ahí en adelante serán las herramientas de mano y los abrasivos los que nos proporcionen los mejores medios de dar forma a la pata y unirla al pie, con el torno parado. Para los trabajos de este tipo el torno debe girar lentamente, a fin de evitar las vibraciones.

Las patas zambas son un desafío realmente sencillo, aunque no posean el mismo atractivo. Se las puede tornear en toda su longitud, o dejarlas por arriba una parte de sección cuadrada para las escopleaduras, con lo que, lógicamente variará el diseño. Se marcan los dos centros reales en ambos extremos, y en el inferior, uno descentrado (Fig. 3). Si se deja un trozo cuadrado en la parte superior, el pie puede hacerse en línea con ella o con una de sus esquinas, según el uso que se vaya a hacer de la pata. La madera que se usa es de sección cuadrada y de la longitud que el trabajo requiera. Si se va a dejar sin tornear una parte de la pata, hay que marcarla claramente en la madera, pero si va a ir torneada en toda su longitud, puede hacérsele una espiga en la parte superior para unirla a la tapa de la mesa.

Lo primero es montar la madera en el torno por los centros reales y tornear un cilindro. Una vez hecho esto, se le da la forma necesaria al pie, con una gubia afilada

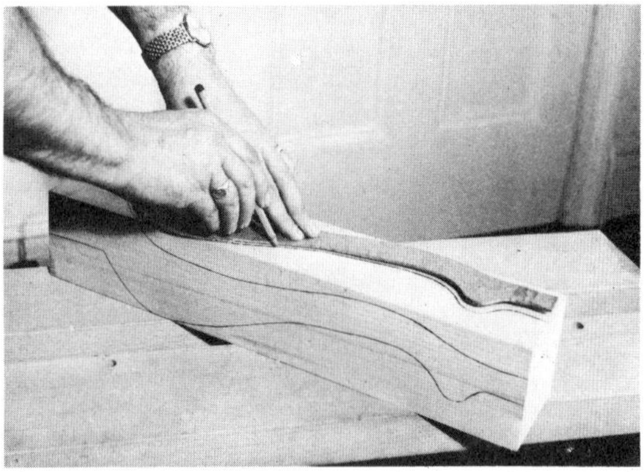

Fig. 1 Patrón para marcar la pieza en bruto de una pata cabriolé.

Fig. 2 En la pieza en bruto se marcan los centros antes de cortar.

Fig. 3 Manera de preparar la pieza en bruto para una pata zamba. Se marcan dos centros, uno en cada extremo, y en el inferior se hace también una marca descentrada.

Fig. 4 Moldeado del pie con una gubia afilada. Nótese que el bisel roza constantemente la madera.

Fig. 6 Con el escoplo separador se tornea una espiga en el extremo de la pata.

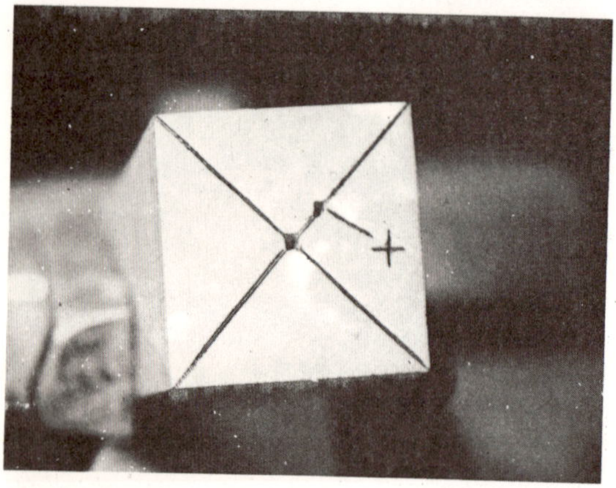

Fig. 5 Bloquecito de madera marcado para tornear el pie de una pata zamba. Véase que hay una marca descentrada.

(Fig. 4), y se vuelve a montar la madera, aplicando la contrapunta del torno al punto descentrado para tornear toda la pata. Si se trata de hacer varias patas iguales, hay que marcar el pie en el trabajo antes de empezar a tornear. Cuando uno se habitúa a la sensación de trabajar a saltos que produce el giro descentrado, el torneado en sí es sencillo, dando pequeños cortes. El pie se pule, en línea con la pata, a mano, con limas y papel de lija.

Las patas zambas pequeñas pueden hacerse rápidamente, por medio de un plato de tornillo. Se marca en un extremo de la madera el centro real y un punto descentrado (Fig. 5); luego se tornea un cilindro por los centros reales y se coloca la madera en el punto descentrado para tornear el pie. En los objetos de este tipo suele tornearse también una espiga para poder montarlos adecuadamente (Fig. 6).

El torneado de óvalos, para objetos como mangos de herramientas, puede hacerse por dos procedimientos, ambos bastante sencillos y efectivos. En el primero, la pieza de madera tiene sección cuadrada y en el segundo, rectangular. Para el primer ejercicio puede usarse un cubo de haya con los extremos aserrados en ángulo recto. Se trazan las diagonales, como es habitual, y en cada extremo se hacen dos marcas descentradas a cada lado del centro real y a una distancia aproximada de ⅛ de pulgada (3,2 mm) de él, como en la figura 7. Deben estar sobre una de las diagonales, con simetría axial entre sí. Se monta la madera en el torno, en los centros reales y se hace con ella un cilindro, con la gubia de desbastar. Una vez hecho esto, se pasa al primer par de marcas descentradas y se comienza el torneado oval. De vez en cuando hay que detener el torno para comprobar la marcha del trabajo, y una vez que se ha cortado lo bastante, se pasa al otro par de marcas descentradas para concluir el torneado. Volviendo a poner entonces el trabajo en sus centros reales, se puede pulir la madera con una tira de papel de lija, con el torno en movimiento lento.

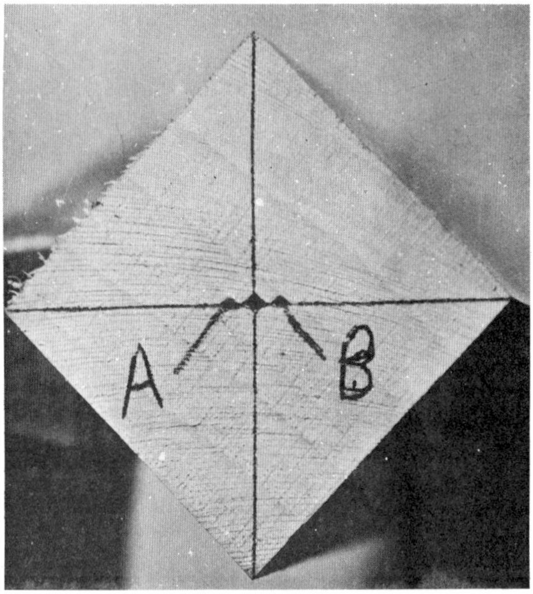

Fig. 7 Manera de marcar los cuadrados para el torneado oval. En cada extremo se marca el centro real, así como dos marcas descentradas, A y B.

En el segundo método, las marcas son distintas, toda vez que no se basan en las diagonales, sino que el trazado tiene forma de cruz, con los extremos de las líneas en los puntos medios de cada cara (Fig. 8). En las caras estrechas se trazan gruesas líneas que unan los puntos medios para que hagan de guías durante el torneado. Colocando la madera en el torno por uno de los pares de marcas descentradas, torneamos hasta llegar a la línea de guía; luego montamos la madera en el otro par de marcas descentradas y hacemos lo mismo. A continuación se usan los centros verdaderos para rematar el trabajo con una gubia afilada y se le da el acabado con un poco de papel de lija.

Los objetos a los que nos hemos referido hasta ahora caben en la clasificación de torneado de reproducción, que abarca una amplia variedad de objetos que se hacen por pares o juegos, como la reposición de alguna parte de un mueble o el mueble mismo. Esta última puede ser una ocupación remunerativa, dado que es cada vez más difícil encontrar a alguien dispuesto a realizarla, o que sea realmente capaz. En la figura 9 se ve una mesilla, el reemplazo de una de cuyas patas puede ser un buen ejemplo de las cosas a las que me refiero.

Fig. 8 Manera de marcar una pieza rectangular para darle sección ovalada en el torno. Véanse las líneas centrales que se trazan en las caras estrechas.

Antes de embarcarse en esta tarea conviene tener en cuenta las partes cuadradas que se dejan en la parte superior de las patas para hacer las escopleaduras. Pueden cortarse antes o después de tornear, según se prefiera, pero es de suma importancia cortar en el punto en que el torneado se encuentra con dichas partes. Si analiza las patas de este tipo en el mobiliario

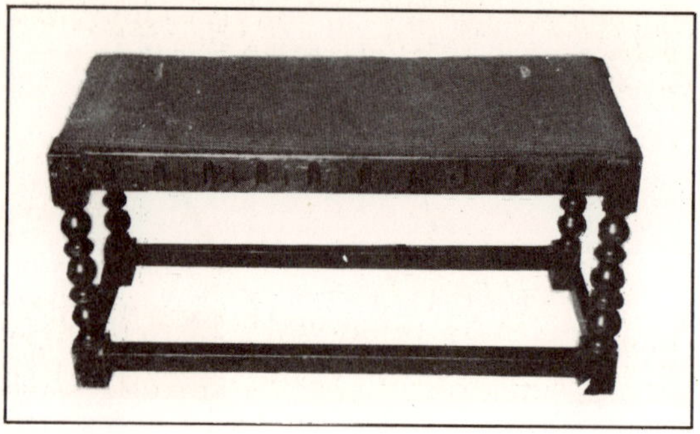

Fig. 9

Fig. 9 Mesita cuyas patas se han dejado de sección cuadrada en ambos extremos, para hacerles las escopleaduras. He aquí un buen ejemplo del tipo de mueble que el tornero puede tener que reparar de vez en cuando.

Fig. 10 Remates de partes cuadradas: **A)** curvo; **B)** recto. Adviértase el ángulo con que debe atacar el formón, estando el bisel perpendicular al trabajo.

Fig. 11 Centrado de una pieza de madera cuadrada en el torno. Cualquier inexactitud se puede ver rápidamente, moviendo la madera en el sentido necesario, para después ajustarla.

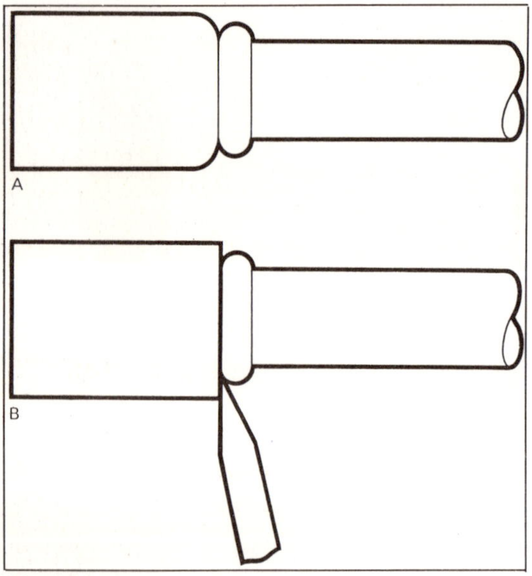

Fig. 10

advertirá que dicho corte puede hacerse de dos maneras: dando un remate recto a las partes cuadradas, o dándoselo curvo (Fig. 10). Algunos torneros se valen para este trabajo de una pequeña gubia de ahusar, contra lo cual nada puede decirse pero yo prefiero el formón oblicuo, porque es más eficaz y deja la madera mejor pulida.

Al cortar estas partes cuadradas importa dejar intactos los ángulos, porque es fácil hacer un mal movimiento, arrancarles las aristas y arruinar el trabajo. Hay que hacer correctamente las marcas y es de suma importancia que la madera esté centrada en el torno, toda vez que, si hay error, aparecerá claramente en el objeto terminado. Este centrado, tan importante, también es necesario en algunas otras operaciones que ya veremos; yo aconsejo emplear el antiguo y probado método de golpear la madera hasta lograr la posición adecuada.

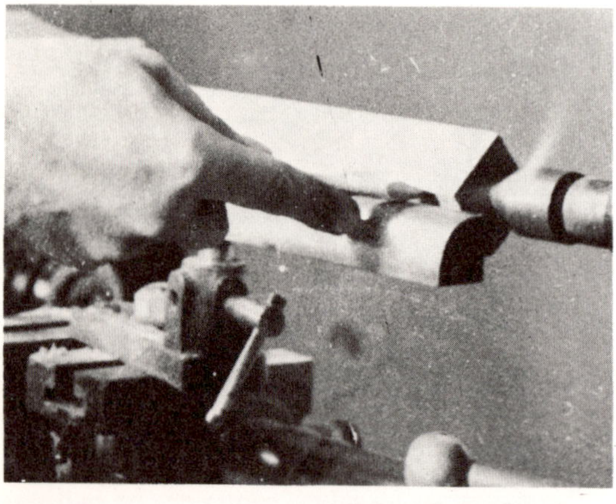

Fig. 11

Se hacen las marcas en los extremos y se pone la pieza de madera entre puntos, con una ligera presión. Luego se monta el soporte de herramientas cerca de la madera y en uno de sus extremos y se hace girar la pieza con la mano, sosteniendo un lápiz o la punta de un formón, como en la figura 11. De inmediato se ve si la pieza está centrada y, en caso contrario, se le dan golpecillos hasta que lo esté. Se aprieta ahora la contrapunta y se repite la comprobación. La madera tendrá que estar marcada como en la figura 12, indicando claramente qué partes habrán de quedar intactas, porque es fácil cortar donde no se debe y estropearla. Se marcan líneas gruesas en torno a la madera, en los puntos en que haya que cuadrarla; aunque estas marcas se hagan en una sola cara, serán igualmente visibles al girar la pieza.

Si lo que se precisa es un corte a 90° del apoyo o, en otras palabras, si se desea un extremo cuadrado, se pone hacia abajo la punta aguda del formón oblicuo sobre el apoyo de herramientas, y de suerte que el bisel que caiga sobre la parte cuadrada esté perfectamente perpendicular a la madera. Recuerde que es el bisel el que tiene que estar perpendicular, no la hoja del formón. Esto puede verse en la figura 13 y en los esquemas de la figura 10. El corte se comienza elevando el mango de la herramienta, no empujándola hacia la madera; al principio sólo se pueden hacer cortes ligeros para que el formón no se recaliente. Una vez hecho el primer corte, se practica otro que se encuentre con él (Fig. 14), sacando pequeñas esquirlas de madera, repitiendo el procedimiento desde ambos lados alternativamente, hasta que el corte sea continuo en derredor de la madera y tenga el diámetro necesario. Fíjese que sólo se usa la punta del formón, y el resto de la hoja se inclina, apartándola un poco de la madera para que no haya problemas. La clave está en hacer muchos cuadrados en madera blanda, ya que la dura es cara.

Si desea dar a estas piezas cuadradas un remate redondeado, como en la figura 15, el procedimiento es similar, sólo que se hacen breves cortes con el formón, haciéndolo rodar hacia dentro y terminando los cortes en las marcas. Muchos principiantes se resisten a emprender trabajos de este tipo por temor a que los despuntes de las aristas, girando a gran velocidad, puedan causar dificultades; pero, en realidad, esta técnica es fácil de dominar y muy importante en el oficio. Puede probar con una gubia, a ver cómo le va, pero yo prefiero decididamente el formón oblicuo.

Fig. 12

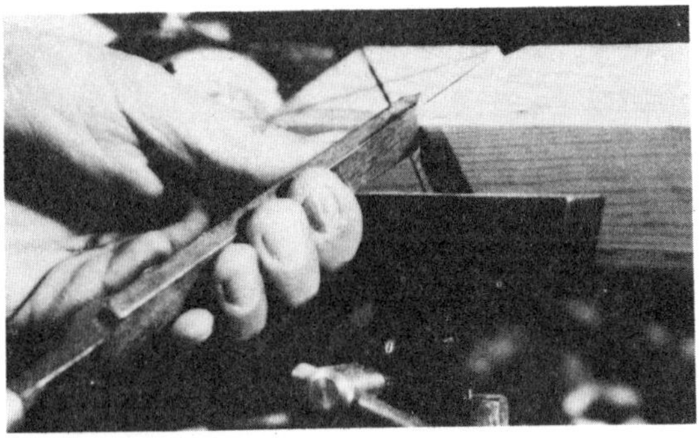

Fig. 13

Fig. 14

Fig. 12 Cuando se tornean patas de muebles, hay que marcar claramente con una cruz las partes que han de dejarse cuadradas, como se ve aquí, para no cometer errores.

Fig. 13 Cuando el remate de una parte cuadrada tiene que quedar recto, hay que sostener el formón como se muestra aquí, de suerte que quede perpendicular al trabajo, no la herramienta, sino su bisel.

Fig. 14 Segundo corte desde el lado opuesto. Con esto se van eliminando pequeñas esquirlas de madera.

Fig. 15 Pata de mueble torneada, a la que se ha dejado un pequeño pomo en el extremo inferior, con remate curvo.

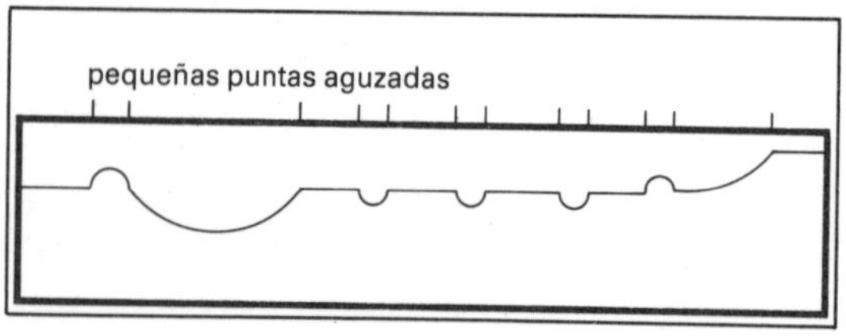

Fig. 16 Plantilla para reproducir diseños.

Fig. 17 Un conformador de plantillas, fácil de conseguir en el comercio.

Una vez rematadas las partes cuadradas, se empieza a tornear el resto, dándole forma cilíndrica con una gubia de desbastar, con lo que llegamos al momento de marcar el patrón, cosa que debe hacerse con sumo cuidado. Es útil al respecto una plantilla como la que ilustra el esquema de la figura 16, y puede serle conveniente preparar un medio diseño en cartón o madera terciada para poder ir apreciando la marcha y la precisión del trabajo. En el mercado se consiguen también patrones muy buenos, como el de la figura 17. Están hechos de una serie de agujas de acero que pasan por un sostén central, de suerte que se mueven independientemente, según la presión. Apretando este patrón contra el diseño maestro se reproducen sus contornos. Esto sirve para indicarle si su trabajo es acertado, pero no se lo hará más fácil. Otra idea muy antigua consiste en fijar el medio diseño a una tabla que se monta con bisagras a la parte posterior del torno, sobre la bancada, de suerte que pueda subirse y bajarse a voluntad para comprobar el trabajo.

A esta altura habrá quedado claro que no existe manera fácil de copiar formas en un torno normal. La única solución es la habilidad, que se deriva de la práctica, y aumenta con ella. Puede marcarse el diseño mientras el torno gira, con un lápiz o la punta de un formón, pero hay que hacerlo con cuidado. Yo me valgo de compases para transportar las medidas del diseño al trabajo, haciendo un poco de presión con las puntas para que queden las marcas. En este caso, la punta debe seguir el movimiento del torno, y no a la inversa, apuntando a la madera, para evitar accidentes. Una vez hechas las marcas se puede hacer el corte con un escoplo separador que se sostiene con una mano, mientras la otra sostiene un calibre. Puede parecer difícil, pero no lo es. Pronto se acostumbrará a hacerlo así.

Ahora es cuando puede empezar la tarea de dar forma, con gubias de los tamaños apropiados. Y con un lema: ir despacio para terminar antes. Cualquier intento de acelerar el trabajo resultará fatal. Es preciso concentrarse. A mí me es difícil hacer trabajos de copia si no estoy solo en mi taller.

Seis

Una regruesadora bien precisa es una ayuda inapreciable para el torneado de bloques encolados.

En muchos casos, las patas de los muebles se unen a éstos por medio de una espiga torneada en la parte superior, que se introduce en un agujero. Para que el mueble quede fuerte, hay que hacer esta operación con cuidado, porque es frecuente cortar ese poquito de más que estropea el trabajo. Si la pata es redonda, la cosa es sencilla; pero si es cuadrada, aplicamos el método ya expuesto para el corte en los remates cuadrados, valiéndonos para ello del formón, que se mantiene horizontal sobre el apoyo de herramientas, con el filo de la hoja paralelo a la madera trabajando como si se tratase del escoplo separador. Evidentemente, es de vital importancia que la espiga tenga el tamaño exacto; para conseguirlo, puede resultar muy útil un patrón de cartón o madera terciada. Yo uso un calibre vernier de carpintería (Fig. 1), porque, abriéndolo de modo que sus patas coincidan con el agujero, puede usarse el otro lado para medir la espiga (Fig. 2).

Cuando se precise hacer una serie de patas cónicas, pueden recortarse las maderas en forma de pirámide, en la cepilladora o la sierra circular, redondeándolas después en el torno y haciéndoles conservar la forma cónica. El acabado suele hacerse con un formón oblicuo afilado, pero el tornero experimentado no recurre a él, ya que le resulta fácil dar a la madera cuadrada la forma de cilindro, con el diámetro máximo, y luego, con un escoplo separador y un calibre, marcar el diámetro menor en el otro extremo, con lo que consigue todas las guías necesarias para hacer su trabajo. Hay quienes recurren a complicadas artimañas para tornear conos con instrumentos raspadores, pero esto no tiene atractivo para quien quiera llegar a ser tornero. El tornear bien los conos directamente es una técnica que se puede dominar pronto en la práctica.

La operación más difícil de este oficio, por lo menos en mi experiencia personal, es la de tornear al aire una bola o esfera, aunque también esto es cuestión de maña, y

Fig. 1

Fig. 1 Un calibre vernier de carpintero, para medir el diámetro interno del agujero de la base de una lámpara de mesa.

Fig. 2 Aquí se aclara el uso del calibre vernier Una vez medido el diámetro del agujero con las patas pequeñas, la distancia entre las mandíbulas grandes será exactamente la misma. Así se mide la espiga del extremo del cuerpo de la lámpara.

Fig. 3 Bloque marcado para pasar por la sierra de cinta, para tornear una esfera.

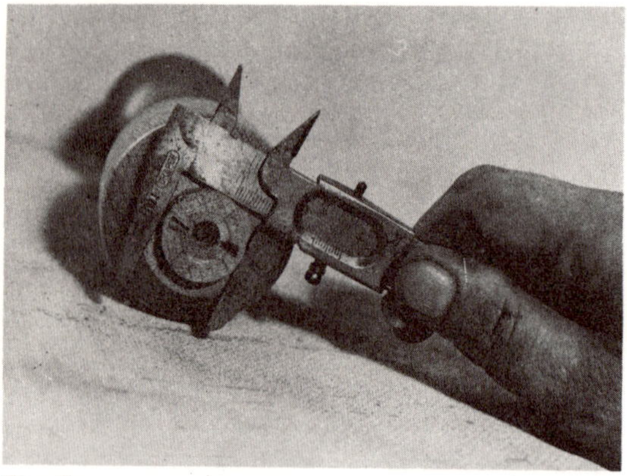

Fig. 2

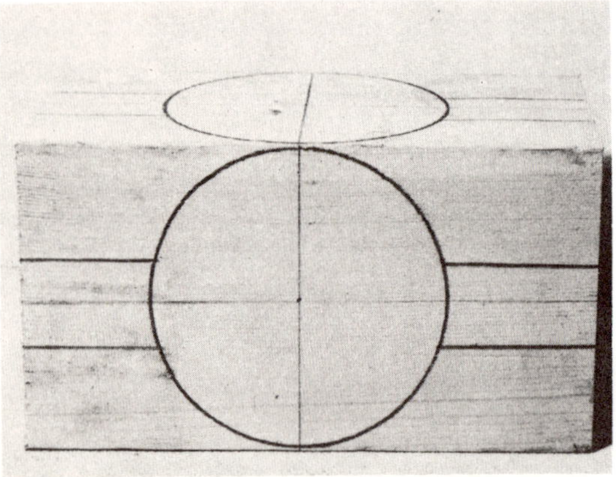

Fig. 3

se puede dominar con perseverancia. La mejor manera de intentarlo es hacer pri mero una pieza rudimentaria, como se ve en la figura 3, marcándole cuidadosamen te los centros en los extremos y recortán dola en la sierra sin fin antes de tornea (Fig. 4). Se trazan líneas gruesas en las partes medias (Fig. 5), que son una exce lente ayuda, puesto que se pueden ve mientras la pieza gira. Se tornea tosca mente la bola con una gubia de ahusa afilada y, para el acabado, existen dos po sibilidades. Los esquemas de la figura 6 lo aclaran perfectamente. La primera consis te en eliminar los dos extremos y monta la bola entre dos platos de campana de madera y dar el acabado con una gubia afilada y con papel de lija aplicado a un patrón de cartón, cambiando de vez en cuando la posición de la bola entre los dos platos para llegar a toda su superficie. La segunda se basa en recortar uno solo de los extremos sobrantes y montar la pieza en el torno, encajando el otro extremo en un plato hueco de madera. Se continúa e trabajo de torneado hasta que quede bien y entonces puede eliminarse el muñón restante, terminando la bola a mano, con papel de lija o montándola entre dos pla tos de campana, para lijarla en el torno.

Este método es el que se usa para tornear esferas de dos pulgadas o más, pero es

ig. 4 El bloque ya ha sido pasado por la ierra de cinta.

ig. 5 El bloque está listo para el torno y se le an marcado las líneas centrales.

ig. 6 Métodos para tornear esferas con loques preparados.

Fig. 4

Fig. 5

posible que le interese hacer una serie de bolitas pequeñas para un collar o algún juego. Estas se tornean en varillas cortas (Fig. 7), separándolas después con la sierra de cinta y lijándolas a mano. Para hacer esferas pequeñas, un buen método es pasar por la madera giratoria un trozo de tubo de metal del diámetro necesario.

Si se trata de hacer cuentas de madera para collares, que es tarea muy pesada, se las puede lijar colocándolas en una lata o tambor de alguna clase, que se monta en el plato del torno y que va forrado de papel de lija o de algún tipo de abrasivo, para que las cuentas se lijen solas mientras el torno gira. Si se le da demasiada velocidad, se creará una fuerza centrífuga que hará que las cuentas se queden pegadas a los costados del tambor y no se lijarán. Este método es similar al que usa el lapidario para pulir piedras.

A veces hay que taladrar objetos esféricos para usar como cuentas, pies de lámparas de mesa, o lo que fuere, y si el taladro no es diametral, los resultados pueden tener un aspecto deficiente. La mejor manera de resolverlo es hacerse un receptáculo de madera para sostener la esfera (Figs. 8 y 9), tarea sumamente sencilla de realizar en el plato de tornillo, con un cono interior para mantener las bolas, y si el taladro se apunta correctamente al centro de dicho receptáculo, los agujeros serán diametrales. Puede usarse una taladradora de columna o colocar una broca en el cabezal de arrastre del torno y en éste una mesa de apoyo, poniendo con la mano la pieza

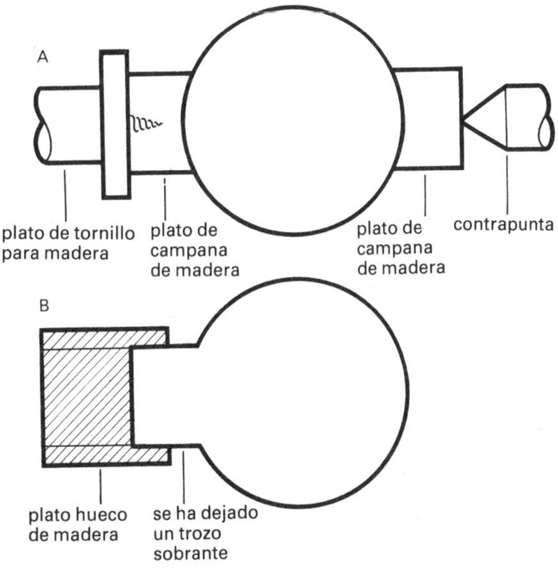

Fig. 6

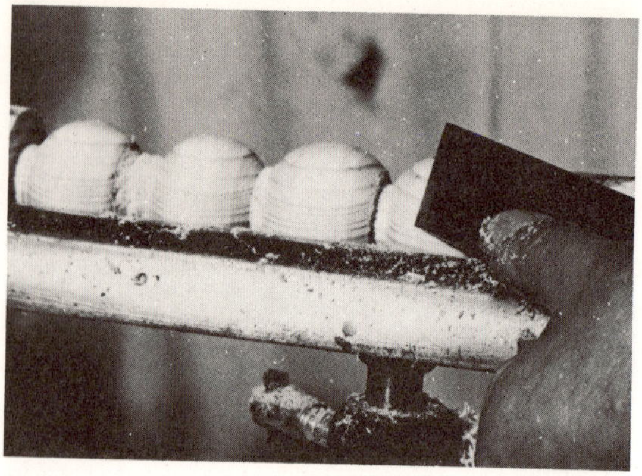

Fig. 7

Fig. 8

Fig. 7 Esferillas pequeñas o cuentas, que se tornean juntas en una sola varilla corta.

Fig. 8 Sencillo artilugio, de interior cónico, que se tornea al aire y sirve para sostener la esfera y taladrarla diametralmente.

por taladrar. Una vez hube de hacer u gran número de candeleros y lámparas d mesa esféricas de este tipo, y realicé lo agujeros para la vela o el cable de la ma nera indicada, montando las bolas en un base en forma de platillo. Si desea perfec cionar su técnica con el formón oblicuo nunca se le presentará mejor oportunida que el torneado de esferas; cuando se capaz de pasarles correctamente el for món en el torno, no sólo logrará un acaba do de primera, sino que habrá adquirid una gran destreza.

Llegamos ahora a un punto sobre el qu volveremos al tratar de tornería decorati va: el principio de los bloques encolados Puede haber advertido que, en algunas patas de mesas, las partes cuadradas don de se hacen las escopleaduras son de me dida inferior al diámetro mayor de la parte torneada. Parece complicado a primera vista, pero se puede realizar de dos mane- ras. La primera (Fig. 10) requiere el uso de la sierra de cinta e implica un desperdicio considerable de madera, razón por la cual no es probable que hoy por hoy tenga mu- chos seguidores. En todo caso, para hacer cortes de este tamaño se precisa una bue- na sierra de cinta.

El método más corriente es el de los blo- ques encolados, lo que significa encolar madera alrededor de la pieza, en los sitios en que sea necesario, y tornear después. Si se tiene cuidado con las vetas, no se notarán casi las uniones, aunque se las puede destacar con fines decorativos, usando maderas de colores contrastantes. Parece bastante sencillo, y hasta cierto punto lo es, aunque hay que cuidar un par de cosas. Para lograr una unión verdade- ramente buena, primero se encolan dos trozos de madera en los lados opuestos del núcleo central, que serán un poco más anchos que éste. Una vez seco el pega- mento, se igualan las piezas con una cepi- lladora o una sierra circular, como se indi- ca en el esquema de la figura 9, página 87. La superficie resultante debe ser tersa y uniforme; de lo contrario la unión no será

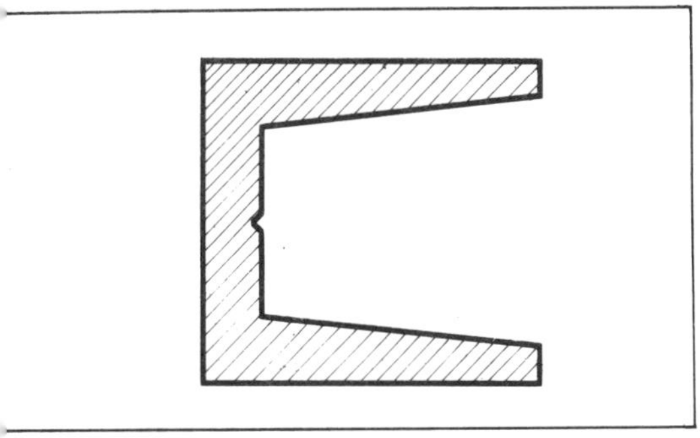

Fig. 9 Corte longitudinal del receptáculo para sostener bolas y taladrarlas. La forma cónica las sostiene firmemente y el taladro debe apuntarse al centro del receptáculo.

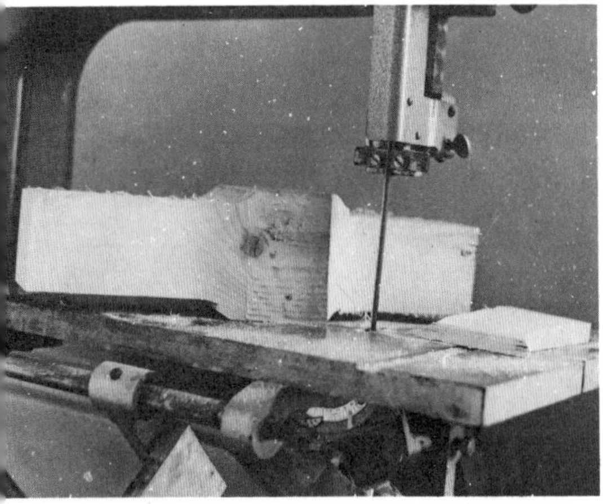

Fig. 10 Sierra de cinta de 38 mm, para preparar un bloque en el que se ha de tornear una pata de mueble cuya parte superior cuadrada es de menor medida que el diámetro máximo de la parte torneada.

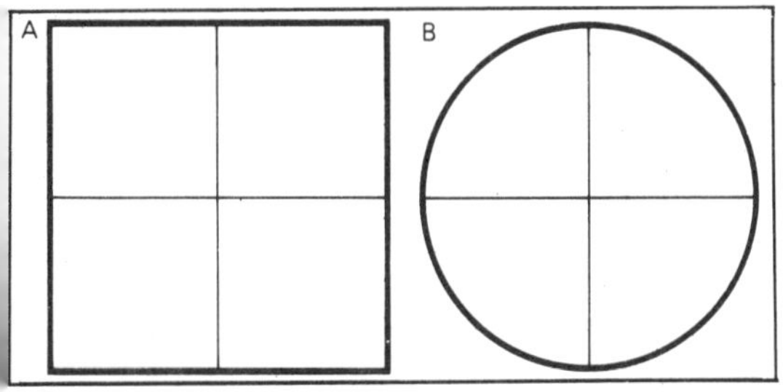

Fig. 11 Método de torneado dividido para confeccionar patas de mesa. **A)** cuatro piezas cuadradas de madera, encoladas con papel entre las mismas; **B)** se tornean de la manera indicada, dando forma cónica al bloque, y se separan.

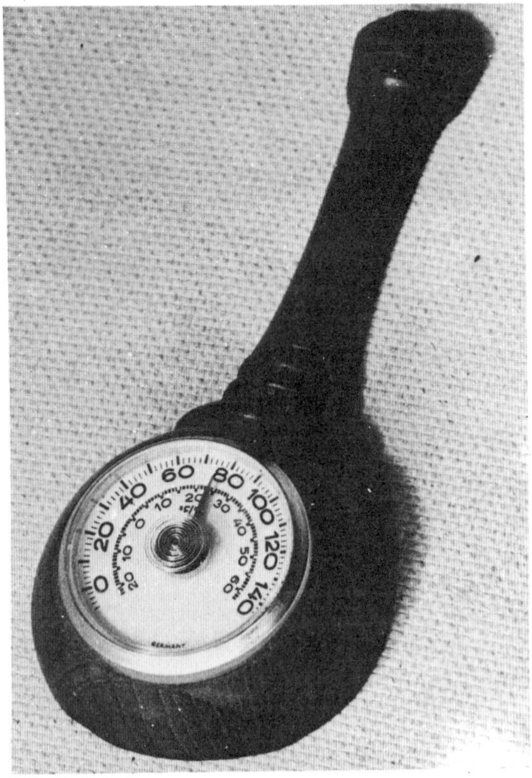

Fig. 12 Pequeño objeto de fácil venta, que puede confeccionarse con bastante facilidad por el método de torneado dividido. Para rematar el trabajo se le atornilla en la parte superior un gancho o armella de bronce.

buena. Luego se encola el segundo par de maderas, se sujeta con el sargento y se deja secar. En los trabajos de esta clase, lo esencial es centrarlos con precisión en el torno, y la mejor manera de hacerlo consiste en centrar el núcleo propiamente dicho antes de encolar las demás maderas. Esto implica quitar la madera del torno y volverla a poner, de modo que una buena idea consiste en marcar con una lima un diente del cabezal de arrastre y reproducir la marca correspondiente en la madera, para que ésta vuelva a entrar como ha salido.

Otra técnica útil, aplicable a la confección de brazos de apliques de pared, patas de muebles, partes de juguetes, etc., es el torneado dividido. Como su nombre indica, significa que la madera se divide en dos piezas o más, que se mantienen unidas durante el torneado para luego separarlas. Existen muchas razones para recurrir a este método y una de sus aplicaciones es la de proveerse de piezas para lámparas de mesa, que deben tener un agujero que las atraviese en toda su longitud, sin tener que hacer ninguna labor de taladrado. Se preparan dos piezas de madera con unas escopleaduras de 3,2 × 6,4 mm por una cara de cada una, se encolan formando una sola pieza de sección cuadrada y luego se tornea sin dificultad. Para hacer más fácil el montaje entre puntos, pueden taparse temporalmente los orificios de los extremos, taladrando después estos tapones. Con este método se puede hacer también cierto tipo de pata de mueble, realizando cuatro piezas de una sola vez, mediante un bloque formado por cuatro piezas de madera encoladas con papel entre las mismas (Fig. 11), lo que después facilitará la separación de las cuatro partes. Evidentemente, las patas hechas con este sistema resultan idénticas. Deben utilizarse maderas de sección perfectamente cuadrada y lo mejor es prepararlas en sentido longitudinal, lo que permite poner unos tornillos en las partes que se han de desperdiciar, para mayor seguridad.

El torneado dividido es también muy útil para confeccionar objetos de adorno de bajo coste, como el pequeño termómetro de pared de la figura 12, así como para hacer apliques de pared. El soporte del termómetro se torneó haciendo dos piezas juntas, que luego se separaron y a cada una se le quitó un trozo de la base en la sierra circular, para montarle la esfera.

Siete

Algo que plantea muchas dificultades en tornería, como en otros trabajos en madera, es la cuestión de la veta. Se presenta cuando se trata de conseguir un buen acabado, no tanto en el torneado entre puntos como en el torneado con plato. Se ha dicho que esta tarea no puede o no debe intentarse con gubias, sino con raspadores. Se trata de una actitud derrotista, que no puede compartir ningún tornero que merezca dicho nombre.

Este libro no se propone aconsejar soluciones rápidas ni señalar atajos, sino conducir al aprendiz por los caminos adecuados. En los talleres de las escuelas, incluso de las superiores, puede ser mejor usar exclusivamente los raspadores hasta que se adquiera confianza. Todo lo que hay que saber acerca de estas herramientas es que constantemente deben apuntarse hacia bajo. Sin embargo, el uso de las gubias para el torneado al aire requiere una gran dosis de habilidad. En este trabajo son más probables las frustraciones y desencantos que en el torneado de ahusar, pero si el aprendiz se lo propone y persevera terminará por triunfar, y cuando sea capaz de tornear al plato rápida y eficientemente con herramientas de corte, sentirá el legítimo orgullo de ver premiados sus esfuerzos. Sus herramientas sacarán viruta, no serrín, y tendrá la gran ventaja de poder obtener un buen acabado sin recurrir a grandes cantidades de materiales abrasivos.

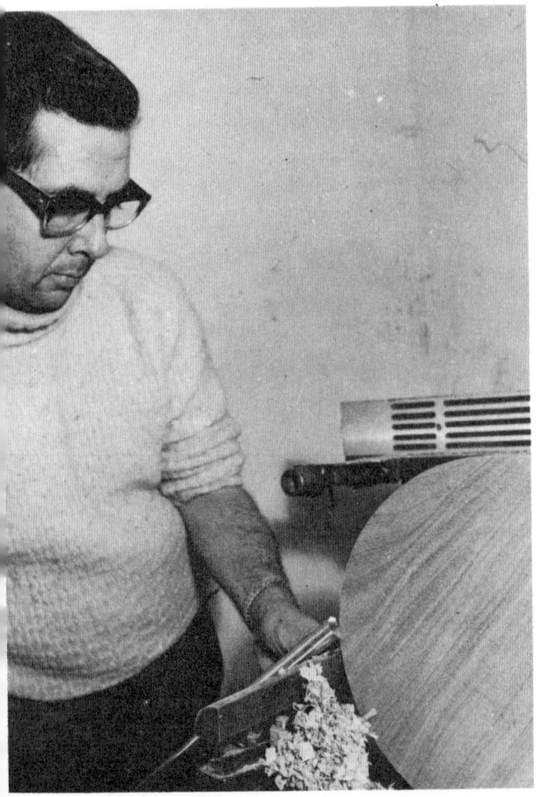

El autor preparando un disco en bruto para tornear un cuenco.

Si las herramientas se clavan en la madera, será, como en cualquier otra forma de torneado, porque están mal conformadas, porque el ataque de la madera es incorrecto o por ambas cosas. Exactamente igual que en el torneado entre puntos, los biseles deben rozar la madera si no se quiere tener problemas.

Quizás lo primero que se le ocurra a uno al hablar de torneado al aire sea un cuenco y es seguro que todo principiante sueña con producir uno bien torneado. Cuando sea capaz de emplear bien las herramientas en la confección de un cuenco, grande o pequeño, no le resultarán difíciles las demás especialidades del torneado al aire. Las técnicas para excavar un cuenco y dar forma a su superficie exterior son siempre las mismas, cualquiera sea su diámetro; también da lo mismo empezar con uno pequeño, digamos, 150 a 200 mm de diámetro por unos 50 mm de profundidad, que puede tornearse en el plato del torno o en el mayor de los dos platos de tornillo para madera. Cualquiera que sea el método adoptado, lo importante es que el montaje sea totalmente firme, ya que si la pieza de madera se mueve provocará dificultades. Puede usarse cualquier trozo de madera hasta adquirir habilidad, y conviene olvidar de momento los costosos bloques en bruto para torneado de platos que se ofrecen en los anuncios, por lo menos hasta que el manejo de las herramientas resulte completamente familiar. Las empresas que se especializan en mobiliario de jardín suelen ofrecer retazos de olmo de unos 5 cm de grosor que aunque no esté seco sirve muy bien para practicar.

Cuando alguien llega a este nivel en la tornería, le resulta evidente lo útil que es tener una buena sierra sin fin en el taller. Si se toma usted en serio el torneado de cuencos, esa herramienta será una buena inversión, que con el tiempo se pagará por sí sola. Digo una *buena* sierra de cinta, y esto es lo esencial, porque si es mala dará muchos quebraderos de cabeza. Lo que hay que tener presente a la hora de comprarla es que no sólo tiene que servir para un determinado grosor de madera, sino también para cortarla con razonable eficiencia, y con las sierras de cinta uno consigue sólo lo que paga. Será necesario cortar maderas duras de 75 a 100 mm de espesor, y quizás en mucha cantidad, así que lo que usted necesitará ha de ser una herramienta que pueda afrontar ese desafío y que no esté rompiendo hojas cada dos por tres. Hay también algunas características a tener en cuenta. Debe tener una buena mesa, que pueda inclinarse a 45°, con bloques guías y rodillos por encima y por debajo. Deberá tener la potencia ad
cuada, lo que implica un motor de, por
menos, medio caballo. El mecanismo c
transmisión tiene que ser de acción dire
ta, para no pasarse la vida haciendo aju
tes, y la armazón de la máquina, de un
fundición tal que no se flexione ni tuerz
con el trabajo.

Al tornero no debe preocuparle si el cort
no deja una superficie muy suave, así qu
lo mejor es usar una sierra de dientes d
paso ancho, de aproximadamente uno pc
cada 8 mm de longitud. Estas hojas corta
con rapidez y mantienen los dientes má
limpios que las de paso más pequeño. N
quiero profundizar aquí en el manejo
mantenimiento de las sierras de cinta, pe
ro hay una cuestión que se plantea cont
nuamente, y dedicarle unas palabras pue
de ahorrarle al tornero molestias innece
sarias, dejándole así más tiempo para tor
near. Se trata de que una sierra de cinta
cualquiera que sea, no es nunca mejor qu
la hoja que tenga puesta en el momento
Quien utilice por primera vez una sierra d
cinta deberá hacerse a la idea de que la
hojas son perecederas, de que alguna ve
habrá que tirarlas y de que no tiene senti
do seguir usando una que ya no sirve par
el trabajo. Los dientes son tan numerosos
que triscarlos y afilarlos constituye un
pérdida de tiempo, sobre todo si se consi
dera que el peor enemigo de la hoja d
sierra de cinta es la fatiga del metal, pro
vocada por su flexión alrededor de las rue
das. Es incluso probable que si se pone a
triscar y afilar la hoja, cuando haya termi
nado de hacerlo el metal esté ya tan fatiga
do que pueda romperse en cualquie
momento.

El triscado y afilado de la sierra son sumamente importantes. Su mal uso puede hacer que el triscado llegue casi a desaparecer, con lo que la hoja se recalentará y partirá. Si toca metal, sea un clavo o la parte interior del armazón de la máquina, puede ocurrir que la hoja tenga más filo de un lado que del otro. Ello hará que tienda a torcerse violentamente hacia la derecha o

ıacia la izquierda y resultará imposible re-
;ortar un disco para tornear un cuenco. Si
a sierra no va bien, compruebe el trabado
de acuerdo con las instrucciones del fabri-
cante, y si la situación no mejora cambie la
hoja. Por último, no intente cortar círculos
demasiado pequeños para la sierra que
esté usando.

En la figura 1 se muestra una sierra de cinta con su cubierta desmontada, de manera que sean visibles las ruedas. A veces resulta práctico inclinar la mesa cuando se cortan bloques para confeccionar cuencos, obteniéndose un borde sesgado (Fig. 2) que, para cuencos de determinadas formas, supondrá un ahorro de tiempo en el torno. Los recortes de estas máquinas constituyen una leña excelente, pero conviene guardarlos todos en un mismo lugar. Puede suceder que su esposa entre en el taller en busca de esos recortes y que después se encuentre ese bloque tan especial que conservaba para hacer un jarrón, ardiendo alegremente en la lumbre.

El disco para tornear un cuenco debe marcarse en la madera con un compás, indicando el centro lo más claramente posible, sobre todo si se piensa guardar la pieza y no tornearla durante un tiempo. El centrado exacto es una gran ayuda para evitar vibraciones, y carece de sentido recortar un círculo perfecto en la sierra de cinta para después montarlo descentrado en el torno. Otra ayuda consiste en trazar varios círculos concéntricos en la pieza de madera, que son visibles a través de los agujeros del plato del torno (Fig. 3). Del montaje en el torno de trabajos al aire, que es un tema aparte, hablaremos cuando sea el momento oportuno.

Los cuencos pueden tornearse montándolos una sola vez, es decir, sin darles la vuelta; si se pretende hacer así, entre el disco destinado a tornear y el plato del torno se debe interponer otro disco de madera blanda, de unos 2,5 cm de grosor. Éste impide que el plato obstaculice a la herramienta de tornear, que podrá introducirse

Fig. 1 Una sierra de cinta, herramienta muy útil en el taller del tornero. Se le ha quitado la cubierta para mostrar las ruedas y la hoja.

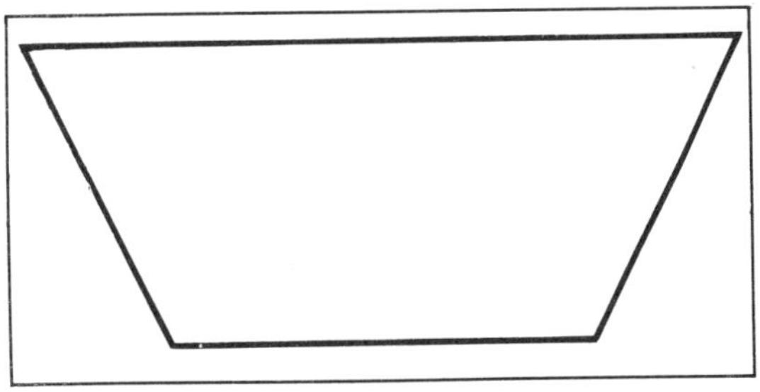

Fig. 2 Si la mesa se inclina, puede cortarse un bloque de la forma esquematizada, con lo que se ahorra mucho tiempo en el conformado exterior del cuenco.

Fig. 3

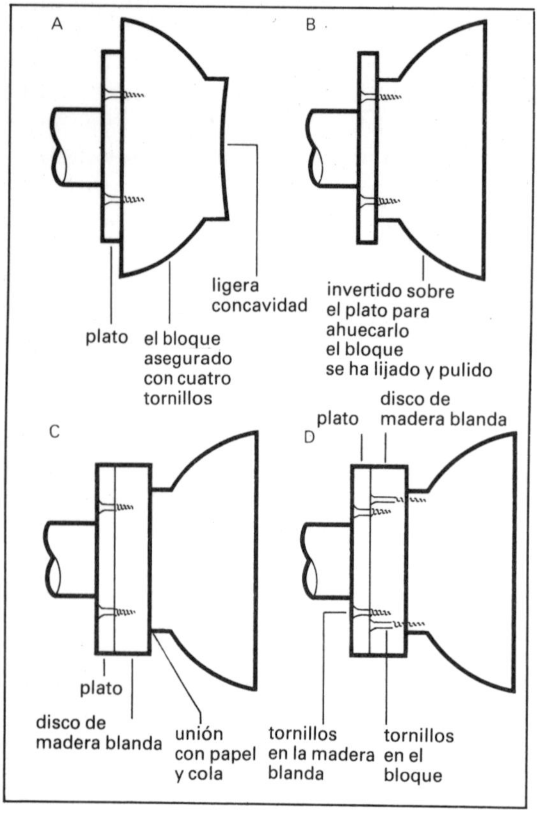

Fig. 4

Fig. 3 Se marcan círculos concéntricos en la base del cuenco, para invertirlo después sobre el plato del torno.

Fig. 4 Distintos métodos de montar y tornear un bloque de madera para hacer un cuenco.

en la madera blanda cuanto sea necesario. Otro sistema para que el cuenco terminado no tenga agujeros de tornillos en el fondo, consiste en atornillar al plato del torno dicho disco de madera blanda y encolar a éste la pieza por tornear. Puede ponerse una hoja de papel entre ambos, como un *sandwich,* para que sea más fácil separarlos después, y debe utilizarse un buen pegamento. Este sistema es bueno si no le preocupa a usted tener que limpiar luego la base del objeto. Por otra parte, es frecuente pegar a los platos bayetas o fieltros verde en la base, que disimulan los agujeros de los tornillos, los cuales pueden también rellenarse con circulitos de goma, que parecerán puestos exclusivamente para proteger los muebles del roce de la madera.

Un método más común de tornear al aire consiste en montar la pieza de madera en el plato y tornear la parte exterior, lijarla y pulirla, dándole después la vuelta para ahuecarla. Parece sencillo, pero en la práctica no siempre se logra centrar perfectamente la pieza al darle la vuelta, lo que hace que los lados del cuenco tengan espesores distintos.

Con los cuencos de calidad especial conviene tomarse algunas molestias más. El mejor sistema, con mucho, es tornear el cuenco por la parte exterior, montándolo directamente en el plato del torno y dejando una base recta de aproximadamente 6,5 mm de espesor. Se pule el trabajo y se desmonta de la máquina. El paso siguiente es coger un retazo de madera dura, o blanda si lo prefiere, de un grosor mínimo de 25 mm, y montarlo en el plato (Fig. 5). En este disco se tornea una cavidad pequeña, en la que calce exactamente la base del cuenco a presión. Se ahueca el plato con un escoplo separador, con el apoyo de herramientas, en posición baja, y con la hoja apuntada hacia arriba, como en la figura 6. De vez en cuando, hasta que su base ajuste perfectamente, conviene parar el trabajo y verificarlo. El ajuste debe procurar

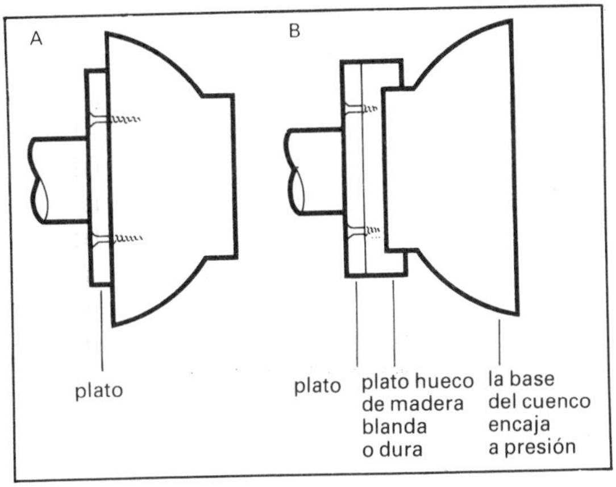

Fig. 5

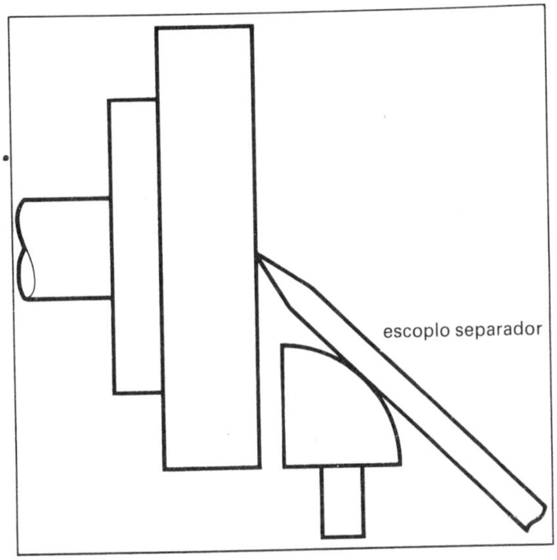

Fig. 6

Fig. 5 **A)** montaje directamente en el plato del torno; se tornea y pule y se marca exactamente el centro en la base; **B)** el cuenco debe encajar perfectamente en la oquedad.

Fig. 6 Ahuecamiento del disco que recibirá la base del bloque por tornear.

que la base del cuenco encaje en la cavidad abierta en el disco con unos golpes de mazo. Si el ajuste queda algo flojo, se mete un poco de papel de periódico para apretarlo y si aún así no está seguro, puede ponerle un poco de cola, pero más para tranquilizar sus nervios que porque el trabajo lo exija. A menos que se apoye demasiado en la gubia al ahuecar, o que aquélla se clave gravemente en la madera, es casi imposible que la pieza se salga de su sitio.

Como he dicho más arriba, hay que vigilar la velocidad al tornear cuencos, ya que lo que nos preocupa es la periférica y, si la pieza que tratamos de tornear es de gran diámetro, puede llegar a ser muy alta. En tal caso, el torneado sería sumamente difícil y las herramientas se recalentarían. También está el problema de la vibración, que puede llegar a ser alarmante si los corte son grandes y la velocidad excesiva. Unos cuencos de unos 20 cm no presentarán dificultades en un torno normal, pero, para tamaños mayores que éste será preciso reducir un tanto la velocidad. En cualquier trabajo de torneado se corre el riesgo de que la velocidad sea excesiva, y algunos principiantes no se dan cuenta de ello cuando tienen un torno movido por un taladro de una sola velocidad, que suele ser de unas 3.000 rpm. La velocidad debe ser lo bastante alta como para obtener un buen acabado, pero también lo bastante baja como para que las herramientas puedan cortar. Si su torno tiene, como el mío, una caja de velocidades, todo irá bien; en caso contrario, tendrá usted que usar una contramarcha para reducir la velocidad a no más de 500/600 revoluciones por minuto. Con un poco de suerte, no habrá vibraciones si la pieza por tornear está bien centrada, pero no siempre se da este caso, toda vez que la misma madera puede estar desequilibrada con partes de duramen y partes de albura. Sin embargo, si consigue usted un trozo de madera que tenga una veta de albura clara en uno de sus lados, el efecto final puede ser sumamente bonito.

Si la pieza en bruto se monta con tornillos, hay que tener precaución al ahuecarla, verificando de vez en cuando la profundidad del corte. Si se entra demasiado, se producirá un horrible rasqueteo, indicador de que la herramienta da contra las puntas de

Fig. 7

Fig. 8

Fig. 7 Dos gubias de sección profunda, largas y fuertes, una de 6,4 mm, a la izquierda, y la otra de 9,5 mm, para tornear cuencos. El disco en bruto en donde están apoyadas ha sido torneado por fuera con un raspador: el mal acabado resulta evidente.

Fig. 8 Así se empieza el conformado exterior del bloque destinado a la confección de un cuenco, con una gubia larga y fuerte, de 9,5 mm, que se usa de lado y en posición bastante empinada hacia arriba, para que el bisel roce la madera. Las virutas son las típicas que saca esta herramienta.

los tornillos, lo cual no será bueno para el trabajo ni para la herramienta. Otra razón que hace preferir el método del plato hueco de madera.

Las herramientas para tornear al plato, y para cualquier otra forma de torneado, deben estar afiladas como navajas de afeitar. Si no están bien afiladas, se recalentarán y el acabado no será bueno. Yo uso una gubia larga y robusta, semicircular, de 9,5 mm, para la mayoría de los trabajos al plato (Fig. 7), con la ayuda y asistencia de un raspador de nariz roma, y otra gubia semicircular con la punta redondeada, de 13 ó 6,5 mm, para los problemas que presenten los extremos de las vetas de la madera.

Pasemos ahora al modo de tornear. Cuando compro tablas para tornear discos y platos, trato de que en el aserradero las pasen por la cepilladora, de modo que ambas caras queden lisas y paralelas. Si no se da este paso, hay que montar el disco en el torno, pulir por una de las caras con una gubia o raspador, y luego darle la vuelta y hacer lo mismo por la otra cara. Con unos ligeros cortes se tiene así un disco uniforme, listo para tornear. En las fotografías se puede ver cómo se usan las herramientas. El bisel de la gubia debe rozar siempre la madera, como cualquier otra herramienta, y, como puede verse, se trata de un bisel corto. Si fuera largo, habría que sostener la herramienta desde muy abajo, lo cual resulta difícil. Se debe cortar siempre con un lado de la gubia, no con el centro del corte.

Ya se puede modelar la parte exterior del cuenco, según el deseo de cada uno, así como la base, que se tornea con el escoplo separador, o mejor con la punta de la gubia, que proporciona un corte más neto. La modelación del exterior se hace como en la figura 8, y si se efectúa correctamente, con una gubia afilada, los montones de virutas que caerán al suelo tendrán un aspecto gratificador. Debe haber muy poco o nada de serrín. El corte se hace desde fuera hacia el cabezal de arrastre del torno, siguiendo la veta de la madera (Fig. 9) para lograr el mejor acabado posible. Una vez dada la forma deseada, se para el torno para examinar detenidamente el trabajo. Es muy posible que se encuentren puntos ásperos en dos bordes opuestos del trabajo (Fig. 10), donde la herramienta ha cortado los extremos de las vetas; pero, cuando domine el uso de las gubias podrá remediarlo fácilmente. A veces, un par de cortes con un raspador recién afilado ayuda a resolverlo, pero lo mejor, con mucho, es valerse de una gubia pequeña pero muy afilada, cortando de lado, no con el lomo y con el bisel rozando la madera lo cual dará un corte como de afeitado. El apoyo de herramientas debe ponerse cerca de la madera. Los cortes serán ligeros y, si se hacen como es debido, eliminarán toda aspereza. Si éstas persisten, como a veces sucede, se para el torno y se lija la madera en sentido contrario a la veta.

Fig. 9 Para los cortes finales de la parte exterior del bloque se usa una gubia de 6,4 mm, que elimina las asperezas de los extremos de las vetas. El bisel debe rozar la madera.

Un método antiguo y muy comprobado para eliminar las asperezas de los extremos de las vetas consiste en dotar al torno de un interruptor inversor, para poder hacer girar la madera en sentido contrario. Se quita el apoyo de herramientas junto con su soporte y se dan unas pasadas con un raspador afilado, sostenido apuntando hacia arriba, de forma que el filo se deslice sobre la pieza (Fig. 11). No se usa el apoyo de herramientas, pero hay que tener cuidado con este asunto del giro invertido, que yo, personalmente, no recomiendo, y que en realidad nunca aplico. Puede hacer que el plato del torno se desenrosque del mandril, y sólo sirve para pulir un cuenco por la parte exterior, nunca por dentro.

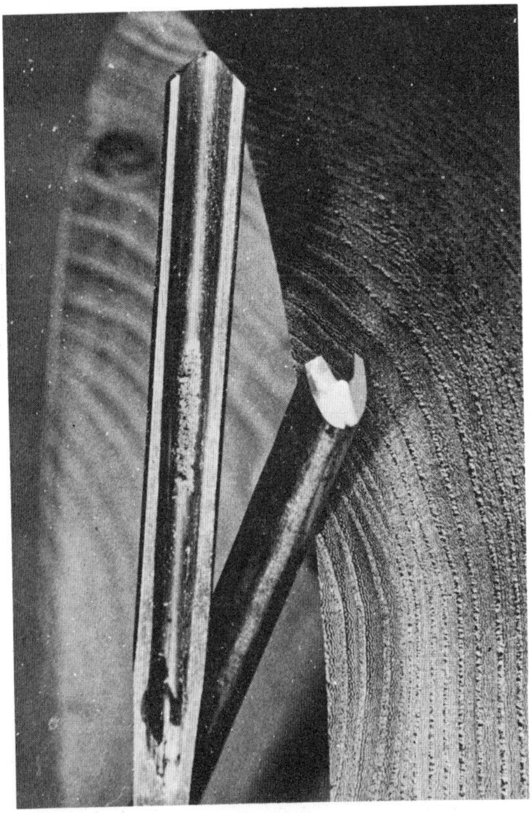

Fig. 10 Un buen ejemplo de aspereza en las vetas de un trozo de madera de olmo, y las dos gubias muy afiladas que se usarán para alisarla.

Una vez que quede definitivamente satisfecho con la parte exterior, y piense que ha logrado la mayor perfección que pueda alcanzar, puede dar la vuelta al trozo de madera (Fig. 13) para ahuecarlo, cosa que no le llevará mucho tiempo si se procede de la siguiente manera:

Fig. 11 Método que gustan aplicar algunos torneros para eliminar las asperezas en la parte exterior de los cuencos. Dado que se ha invertido el sentido de la rotación, hay que tener cuidado de que el plato no se desenrosque del mandril.

Fig. 12 Con la esquina de una gubia se da forma a la base del cuenco. También puede hacerse con un escoplo separador, pero el acabado no será tan limpio.

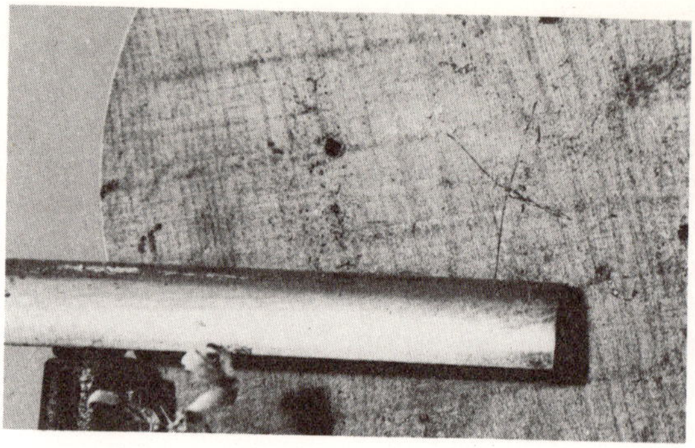

Fig. 13 El bloque de madera ya ha sido modelado por fuera, y se le ha dado la vuelta para ahuecarlo. Nótense los agujeros que dejan los tornillos del primer montaje.

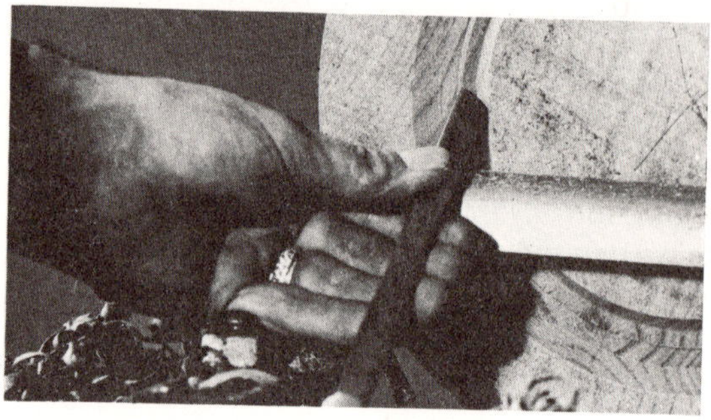

Fig. 14 El trabajo de ahuecado se empieza aproximadamente a un tercio de la distancia entre el borde y el centro, haciéndose cortes alternativamente hacia ambos lados. Siempre se usa la herramienta de lado, cuidando de que el bisel roce la madera.

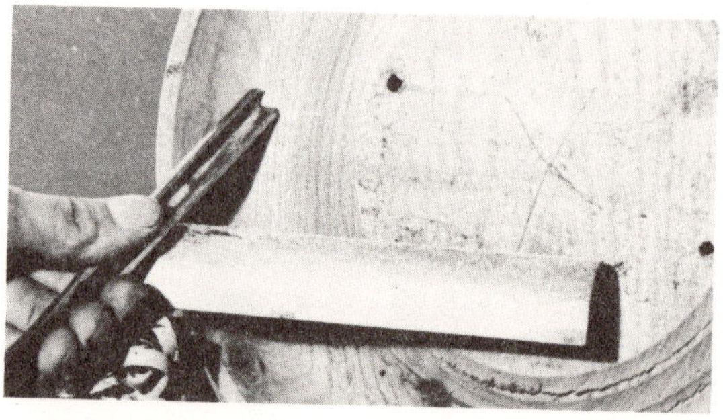

Fig. 15 Corte junto a las paredes del cuenco. La herramienta debe estar bien afilada en todo momento.

Si se propone ahuecar sus cuencos mediante raspado, no serán muchos los que confeccione: ¡puede llevarle más de un día hacer uno solo! Con la gubia para cuencos sacará grandes virutas y acabará el trabajo en un santiamén. El ahuecado puede realizarse desde el centro hacia fuera, o empezando en el borde y dando cortes largos hacia el centro, pero ambos métodos tienen un inconveniente, y es que, a medida que se van adelgazando las paredes del cuenco se van también debilitando y rebotan bajo la presión de la herramienta, lo cual dificulta el trabajo. Se puede, aunque no es necesario, tornear con una sola mano (¿podrá usted?) y, con la otra, coger un buen puñado de virutas que hagan de cojín y sostener la pieza desde el exterior. Mucho mejor es empezar a ahuecar a más o menos un tercio de distancia del borde, cortando alternativamente por ambos lados (Figs. 14 y 15), de modo que quede todavía un buen trozo de madera sin desbastar en el centro, mientras se termina con las paredes (Fig. 16), lo que sirve para amortiguar las vibraciones. Esta jiba central se elimina al final, dando cortes ligeros (Fig. 17), y cuidando de que la gubia no sobrepase el centro, para que no la coja la madera en el giro inverso, aplastándola contra el apoyo de herramientas con bastante fuerza (Fig. 18).

Si tiene usted dificultades para empezar el corte porque la gubia resbala, puede hacer

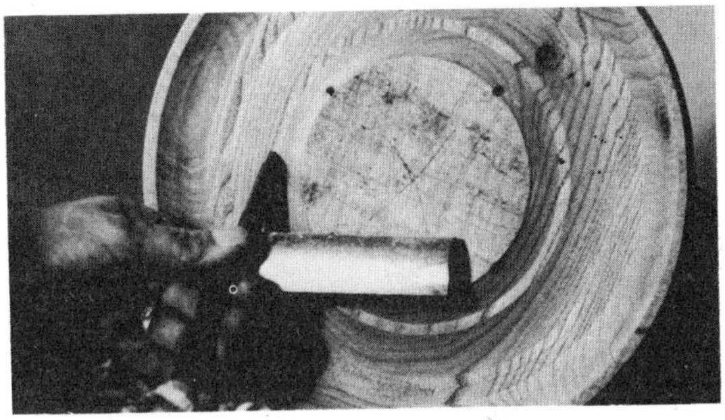
Fig. 16

Fig. 17

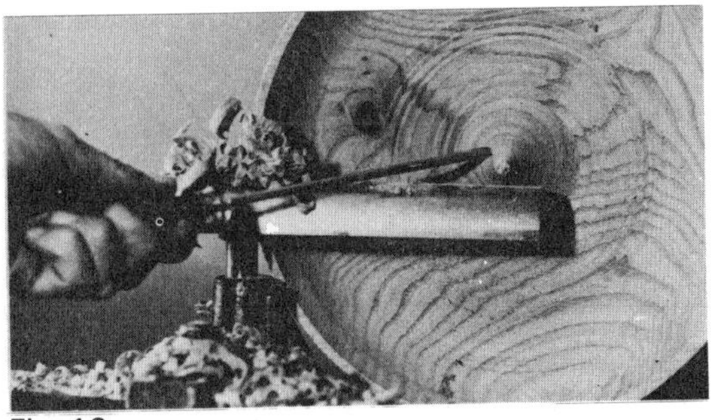
Fig. 18

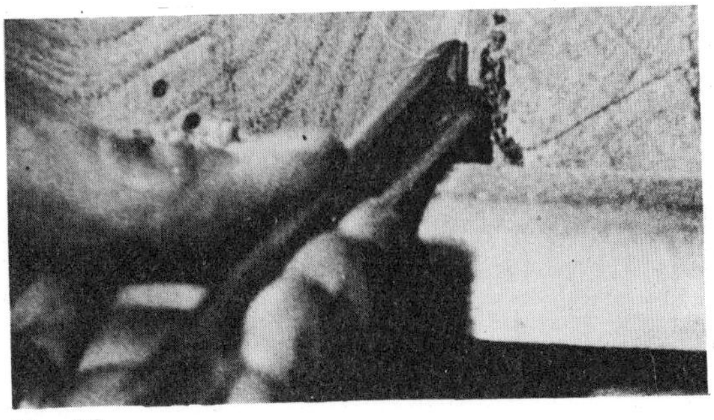
Fig. 19

Fig. 16 En el centro se ha dejado un buen trozo de madera sin desbastar, para reducir la vibración y el tamborileo.

Fig. 17 Las paredes ya tienen el espesor deseado y ahora, con la gubia, se va quitando el núcleo central.

Fig. 18 El destornillador señala el pequeño trozo de madera que se ha dejado en el centro del cuenco. Para quitarlo, hay que tener mucho cuidado de que la gubia no trasponga el centro.

Fig. 19 Modelado de un escaloncillo en el núcleo central, donde se apoya la gubia al empezar el corte siguiente.

un ligero corte inicial con el escoplo separador, que servirá para apoyar el bisel de la gubia. Empezado ya el ahuecamiento, cada corte puede comenzarse practicando un pequeño escalón con la esquina de la gubia (Fig. 19), lo que impide que resbale y facilita el trabajo; pero, una vez que se habitúe a esta técnica, ya no le resultará necesario. Puede que se realice todo el ahuecado con la gubia, y puede que no, según sea la forma interior; pero si con la gubia no alcanza, puede usar un raspador para los últimos cortes. Esta herramienta tiene que ser larga y muy afilada, y no hay que presionar demasiado con ella. Si lo hace, desgarrará la madera y se le presentará un grave problema (Fig. 20).

Una práctica muy extendida en los últimos años es tornear cuencos con madera de olmo húmeda. Tiene sus ventajas y es una

Fig. 20 Si surge la necesidad de usar un raspador para dar los últimos cortes dentro del cuenco, tiene que estar muy afilado y usarlo apuntando hacia abajo y con poca presión.

Fig. 21 Hay que controlar la profundidad de la excavación, para no dejar en descubierto las puntas de los tornillos. Se usa una regla de nivelar y un nonio.

Fig. 22 Cuenco de estratos de madera, con centro hexagonal. Las partes grisadas se pierden. Se traza un círculo en la madera, con el compás. Luego se traza el hexágono y se recorta en la sierra sin fin, cepillando después las caras. Se les encolan y sujetan con el sargento tablas de madera de color contrastante, y se puede tornear cuando la cola esté completamente seca.

Fig. 21

Fig. 20

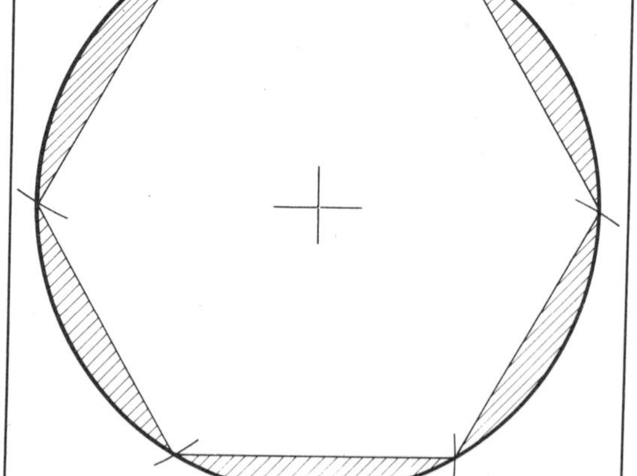

Fig. 22

tarea agradable. La fuerza centrífuga, hace que salga despedida cierta cantidad de humedad, por lo que conviene apartarse un poco. La madera húmeda se tornea mucho mejor que la seca, de suerte que, si lo hace, sacará grandes montones de virutas, para su satisfacción personal. Entre los principiantes parece existir la idea, equivocada, de que las virutas largas tienen alguna virtud mística, la razón de lo cual se me escapa. A mí siempre me están preguntando cómo se las puede sacar, y yo suelo aconsejar que humedezcan la madera; pero, en lo que me concierne, el interés de las virutas largas es meramente teórico. Lo que sí vale es que el tornero saque virutas que demuestran que está haciendo correctamente el trabajo. La longitud que tengan carece de importancia.

Los cuencos de madera húmeda de olmo —que puede estar tan verde como a usted le apetezca— no se tornean en una sola operación. El método consiste en tornearlos con un plato de tornillo del tamaño grande, modelar el exterior y ahuecar el interior dejándolo de un espesor de 25 mm o más, junto con una protuberancia central, para poder volverlos a montar en el torno. Luego se dejan secar en un sitio seco y ventilado, o en un secador artificial, durante un par de semanas. Se alabearán y encogerán en sentido transversal a la veta, pero no es normal que se partan. Una vez secos, se pueden volver a montar en el torno para concluir el trabajo, aunque es posible que haya que cepillar previamente las caras para emparejarlas. Puede intentar tornear uno o dos completamente, con paredes delgadas, y barnizarlos antes de someterlos al tratamiento de secado, con lo que obtendrá unos resultados sorprendentes.

El acabado de los trabajos de torneado, el pulido y el empleo de ceras y selladores son el tema del Capítulo 13, pero no hay que desechar trozos de madera por el mero hecho de que presenten nudos o imperfecciones. A veces pueden quedar muy atractivas en el objeto terminado. Nunca hay que usar madera que presente nudos sueltos, rajaduras o defectos que puedan resultar peligrosos. En ocasiones, al ahuecar un cuenco con gubia o raspador, pueden surgir dificultades para sostener la herramienta con firmeza, lo que suele deberse a que la madera es más dura en algún sector que en otro. La herramienta debe sostenerse firmemente, con el apoyo cerca del punto de corte. Yo suelo apoyar el codo en la contrapunta, quitándole antes, como es lógico, el punto.

El problema de las asperezas debidas a la veta de la madera no se limita a la parte exterior de los cuencos, sino que también puede presentarse en el interior y con frecuencia ocurre así. Todo esto puede constituir una pesadilla para el aprendiz, en los primeros días, pero quizá le consuele saber que le sucede a todo el mundo. Las asperezas pueden ser más o menos pronunciadas según el tipo de madera que se utilice, pues algunas son mucho peores que otras. Recuerdo que hace años, después de luchar largamente contra este fenómeno, tomé solemnemente el cuenco a medio terminar, lo llevé a mi casa y lo deposité lentamente en el fuego. No fue muy útil para mi perfeccionamiento como tornero, pero sí fue una gran ayuda psicológica. Con todo, no hay que abandonarse a la desesperación. Quien practique con tesón terminará por adquirir destreza, y la sensación de realización que ello produce es inmensa.

Ocho

Tornear cuencos y platos tiene sus ventajas, porque tienen gran diámetro en relación con su profundidad y el tornero puede ver en todo momento lo que está ocurriendo. Pero no sucede lo mismo cuando se trata de toneletes para galletas, humidificadores de tabaco, cajitas para té y jarrones. Todos estos objetos son profundos y no es mucho lo que puede verse con el torno en movimiento, por lo que hay que pararlo y extraer la basura. Para el principiante no es conveniente usar gubias en este tipo de trabajo porque no podrá ver en qué posición se encuentra el bisel. El filo cortante queda un poco alejado del soporte del apoyo de herramientas, y sostenerlas resulta más que díficil. Algunos de los objetos mencionados pueden confeccionarse por los métodos de composición o de estratos de madera, a lo que está dedicado el Capítulo 9. Por ahora vamos a considerar el torneado de una cajita de té y de un jarrón pequeño, ambos a partir de sendos bloques sólidos de madera.

Para el jarrón se usa un bloque pequeño de sección cuadrada, de unos 76 mm de lado por unos 152 mm de longitud, con los extremos perfectamente escuadrados.

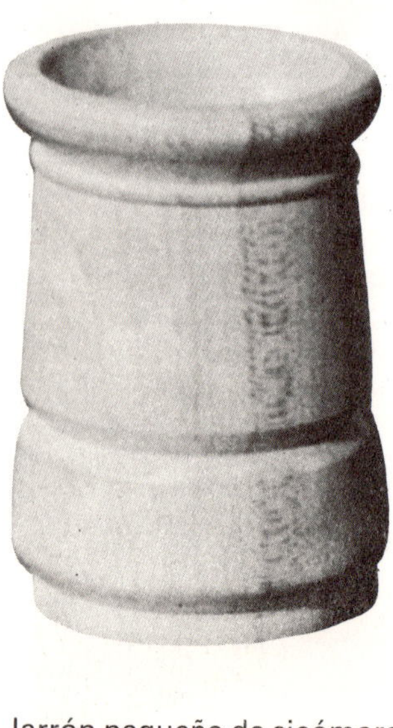

Jarrón pequeño de sicómoro.

Fig. 1 Broca grande de mariposa, movida a baja velocidad, para practicar un taladro en un trocito de madera destinado a ser un jarrón torneado. La pieza está sostenida en el accesorio de escoplear de la máquina.

ualquier madera dura sirve. Primero se le ractica un orificio con una barrena de la-io cortante, del mayor diámetro posible ig. 1). Si dispone de una broca del tipo orstner, o de una corona dentada, de 50 ó 3,5 mm, podrá hacer una perforación erfecta, pero yo no puedo darme esos jos y uso una broca de mariposa (Fig. 2). urante el taladrado, la velocidad del tor-o debe ser baja, para no recalentar y rruinar una broca que cuesta lo suyo. La peración puede hacerse de dos maneras: jando la broca a la contrapunta del torno, el bloque de madera al cabezal de arras-e, por medio del plato de tornillo grande, al revés, montando la broca en un plato jado al mandril y acercándole el bloque e madera. En este último caso, el bloque e sostiene con la mano, cosa que no re-iste peligro, y se va empujando con la ontrapunta. Así, la marcha de la madera s firme y uniforme, y el orificio resultará erfecto.

erminada esta operación, se coloca el poyo de herramientas enfrentado trans-ersalmente a la pieza por tornear, y a ésta e le abre el cuello con un escoplo separa-lor o un raspador afilados, dando cortes nuy ligeros para que el bloque no se floje del tornillo que lo sostiene (Fig. 3). Se tornea luego un pequeño vástago cóni-o de madera (Fig. 4) que se introduce justadamente en el cuello, y se acerca la contrapunta (Fig. 5), para que sirva de poyo, con lo que se puede modelar el ja-rón por su parte de fuera. Este trabajo se nace muy bien con una gubia de 19 mm, que se usa de lado y cuidando de que el bisel no se separe de la madera (Fig. 6). Estos jarrones pueden ahuecarse para re-cibir distintos tipos de revestimientos de vidrio, pero, si no es este el uso que le va a dar, puede impermeabilizar el vaso de ma-dera llenándolo con parafina derretida y vaciándolo antes de que ésta vuelva a soli-dificarse. Hay que tener cuidado, al fundir-a, de que no se incendie. La parafina ca-iente penetra en la madera, dándole una mpermeabilidad bastante duradera.

Fig. 2 Forma de la broca que se ha empleado. Un modelo de diente de sierra resultaría igualmente adecuado.

Fig. 3 Se monta luego la pieza en un plato de tornillo y se coloca el apoyo de herramientas en sentido transversal, para abrir el cuello.

Fig. 4 Torneado de un pequeño tapón de madera que se ajustará al cuello del vaso, para poder ayudarse con la contrapunta.

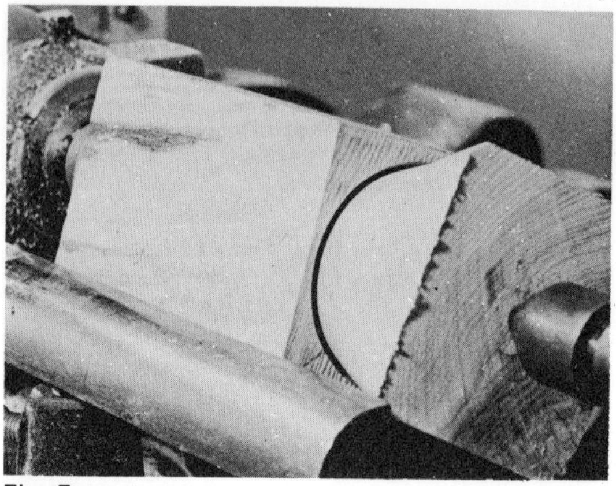

Fig. 5

Fig. 6

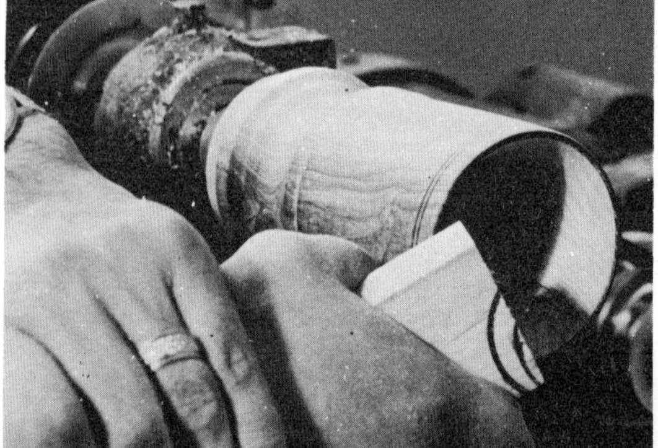

Fig. 7

Fig. 5 El tapón se encaja en la pieza ahueca y se acerca la contrapunta dotada de punto giratorio para sostener el trabajo durante el torneado exterior.

Fig. 6 Primero se desbasta el trozo de madera, dándole forma cilíndrica, y luego se modela con una gubia pequeña de ahusar.

Fig. 7 Los bordes del jarrón se ennegrecen frotándolos en el torno con un trozo de made inservible.

Como alternativa de las herramientas horadar mencionadas puede usarse el t ladro de carpintero corriente, aunque h que eliminarle la parte cuadrada y limar la rosca del husillo de avance, dejándo roma para que no penetre en la madera

La cajita de té es un proyecto bastante di tinto, por el hecho de que precisará u tapadera que ajuste en ella, porque es m cho más profunda que el jarrón, y porqu su acabado debe ser perfectamente limp y pulido, tanto por dentro como por fuer

A la tapa, si se desea, puede hacérsele u concavidad para ponerle un remate de c rámica u otra decoración. El bloque madera que he usado es de sección cu drada, de 100 mm de lado por 230 mm longitud y de él salieron la cajita y su tap dera. Hay que emplear alguna madera qu se comporte bien como el sicómoro, el ti o la haya, porque el trabajo ya es de por lo bastante complicado como para eleg una madera también difícil. Se monta bloque centrado en el torno y se hace co él un cilindro, tomándose todo el tiemp necesario para asegurarse de que la form es perfecta. No debe salir serrín, sino una bonitas virutas rizadas. Cuando quede s tisfecho con la forma, eleve el apoyo herramientas casi hasta el nivel de la par superior de la madera y déle un corte fin de pulido, con un formón oblicuo bie afilado.

A esta altura conviene hacer una medició con el calibre para ver si el diámetro e

›nstante y se puede seguir adelante. Se arca entonces, a una distancia de 175 m del extremo montado en el cabezal de rastre, un corte que establece la longitud e la cajita propiamente dicha. Se vuelve a ajar el apoyo de herramientas y se hace troceder un poquito el punto de la contrapunta, aflojando levemente la presión, rocedimiento que hay que aplicar siempre que se use un escoplo separador para n corte profundo, lo que impide que la adera apriete la herramienta y la atasue. El formón debe estar muy bien afilao. Sosteniéndolo con el mango bastante ajo, se penetra hasta llegar aproximadaente a 6,5 mm del centro; se para el toro, se quita la pieza y se terminan de separ ambas partes con un serrucho. La piea más pequeña, que luego será la tapa, uede dejarse de lado de momento, hasta ue se tenga casi terminado el resto del abajo.

e monta entonces el bloque más grande n el plato de tornillo, poniendo otros dos ornillos laterales en los agujeros respectios para asegurarse de que quede muy rme. Este trabajo de ahuecar no es tan ifícil, como engañoso, y lo que más necesitará, en definitiva es tener seguridad. Al rincipiante se le aconseja avanzar paulanamente, pero con seguridad en sus moimientos, porque la mayor parte del tiempo trabajará a ciegas. Aquí también, como n el caso del jarrón, se taladra un orificio on la profundidad necesaria (Fig. 10). Si e desea, se puede hacer primero una peroración con una broca más pequeña, que uego lleve rectamente a la de diámetro nayor, pero dudo que el esfuerzo merezca a pena. Se pone alrededor de la broca un rozo de cinta adhesiva para marcar la prondidad deseada, y si el portabrocas impide que la herramiente penetre hasta el inal, se puede agrandar un poco la boca lel orificio, dándole un corte con un formón oblicuo o un raspador, lo suficiente ›ara que pueda entrar la nariz del portarocas. Una vez que consiga taladrar el rificio, retire hacia atrás la contrapunta y uítele la broca para no pincharse el codo.

Fig. 8

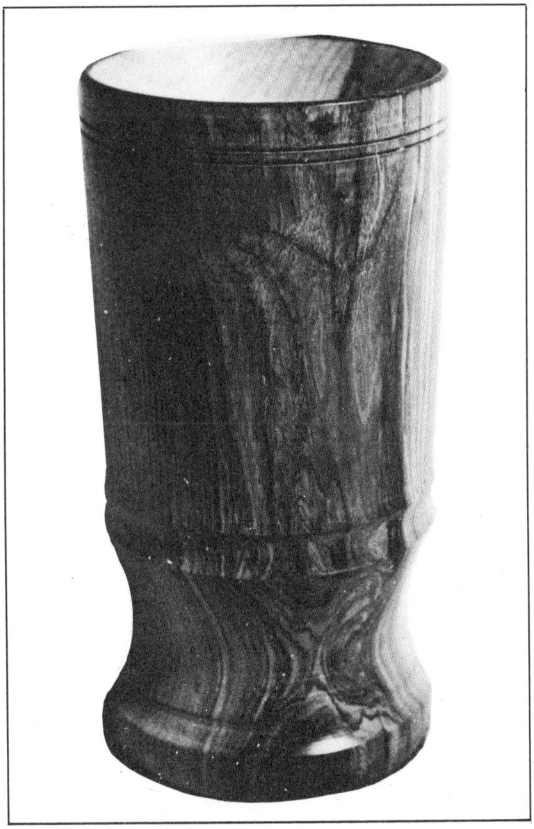

Fig. 9

Fig. 8 Después de lijar, se bruñe la pieza frotándola con un puñado de virutas.

Fig. 9 El jarrón terminado. Este modelo está lustrado con cera carnaúba.

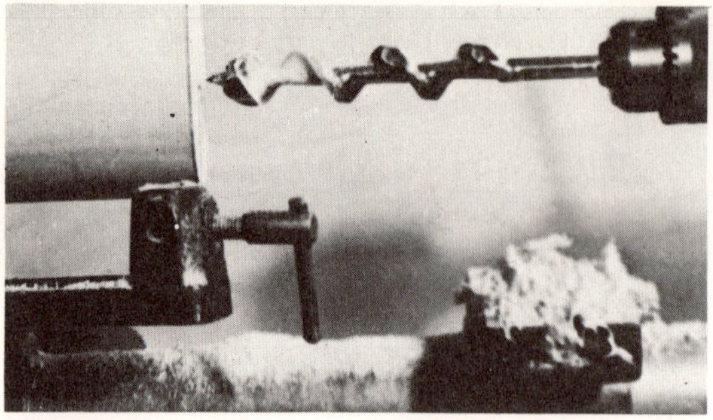

Fig. 10

Fig. 10 Perforación previa del bloque para una cajita de té, con una broca cuyo portabrocas se sujeta a la contrapunta, la cua se va llevando hacia la madera con el volante

Fig. 11 Ensanchamiento del orificio con un escoplo de separar.

Fig. 12 Herramienta confeccionada especialmente para hacer oquedades profundas. Adviértase su forma y el filo en el extremo y a lo largo del lado izquierdo.

Fig. 13 Rebaje en la tapa, para ajustarla a la caja.

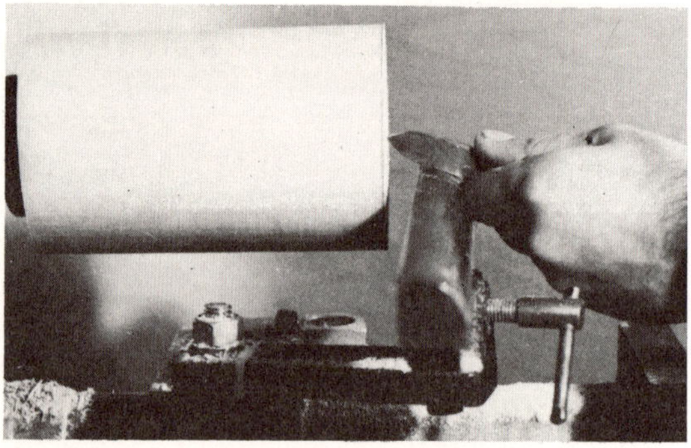

Fig. 11

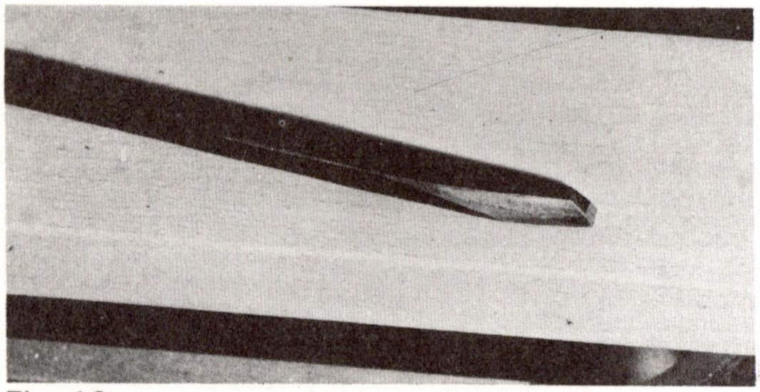

Fig. 12

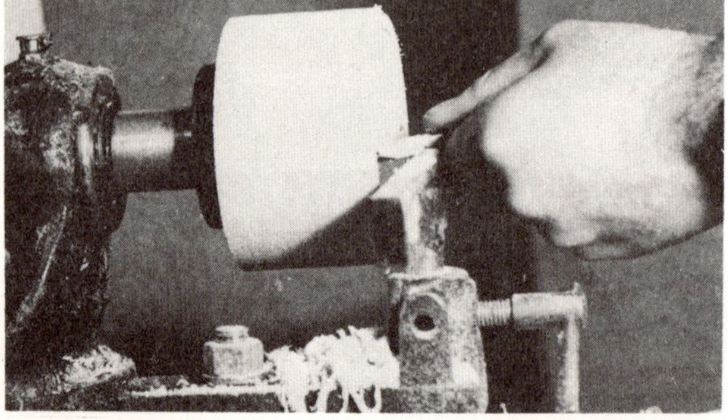

Fig. 13

Ponga el apoyo de herramientas enfrent
do transversalmente al trabajo y empie
a ahuecar con el escoplo separador (Fi
11). Importa vigilar la firmeza de la pie
en su montaje y el trabajo saldrá mejor
utiliza la herramienta en posición recta,
no sosteniéndola oblicua desde abajo. S
dan cortes de aproximadamente la mita
del ancho de la hoja. Esta herramienta si
ve para empezar a ahuecar, pero no pa
hacer todo el trabajo, y aquí sí que es
justificado hacerse una herramienta esp
cial, amolando una lima vieja. La que y
uso (Fig. 12) es la más apropiada, con u
filo para cortar el fondo del agujero y ot
que va limpiando los lados a medida qu
se penetra en la madera. Es lo bastant
larga y fuerte para este uso, aunque
punta viene a quedar bastante alejada d
apoyo de herramientas. El ahuecado se v
haciendo más difícil a medida que se pr
fundiza, y si puede usted acercar más
apoyo de herramientas al trabajo, e incl
so introducirlo, siquiera en parte, dent
del orificio, podrá sostener mejor la herr
mienta cortante.

Es poco probable que llegue a ver alg
porque las virutas y demás basura no pu
den salir del hueco, por lo que es neces
rio detenerse de vez en cuando y limpia
lo, con el fin de verificar la evolución d
trabajo. A esta altura no es aconsejable s
guir excavando a lo largo de las parede
hasta darles el espesor deseado. Para ell

ay que usar una herramienta recién afila-a y dar cortes muy breves y ligeros hasta ejar las paredes con un grosor constante asta el fondo de la cavidad. Luego se lija uidadosamente todo el interior. Y lo peor a ha pasado.

e monta entonces la pieza para la tapa y, on el escoplo separador, se la va rebajan-o hasta darle una longitud de 38 mm. lay que tener cuidado de que los tornillos lel plato no sean demasiado largos para ue no salgan las puntas al exterior al ha-er este trabajo. Si desea rematar la tapa on un disco de cerámica decorada, éste s el momento de practicar la concavidad n la madera. Se marca el contorno de la erámica para establecer el diámetro de la oncavidad y se ahueca cuidadosamente on el escoplo separador, yendo desde el entro hacia la marca, y parando el torno le vez en cuando hasta lograr el ajuste decuado de la cerámica. Se lija conve-nientemente esta cara, se marca el centro on un punzón y se invierte la pieza sobre l plato, montándola por el otro lado. Se erá que en el borde hay un doble rebaje, para ajustar la tapa a la caja y para dejar ın asidero que facilite destaparla. Primero e da un par de cortes con una gubia en el orde de la pieza para el caso de que, al larle la vuelta, se pueda haber descentra-lo; luego se empieza a cortar, como en la igura 13, para hacer el rebaje correspon-liente al ajuste de la tapa, que deberá te-ier un ancho de unos 6 mm. Es una cues-ión de tanteos, además de hacer las cosas on lentitud para no rebajar demasiada nadera con lo que la tapa quedaría floja. Se precisa que el ajuste sea muy apreta-lo; ya se podrá rebajar más tarde, con lija, l concluir el trabajo.

Seguidamente, se da forma a la parte inte-ior de la tapa con un raspador afilado o ına gubia pequeña y se hace el segundo ebaje para que sirva de asidero; luego se ajusta la caja y su tapa y se monta el conjunto en el torno, entre puntos. Con un formón oblicuo recién afilado, o con una gubia si no se atreve, de un par de cortes a todo lo largo del objeto para que caja y tapa formen un cilindro perfecto. Puede lijarlas, si no tiene más remedio, pero si el formón estaba afilado quizá no sea necesario. Se le da un buen bruñido con un puñado de virutas suaves y ya está el trabajo listo para el acabado que desee darle, pero es mejor que deje el interior con su acabado natural; se pega la cerámica a la tapa con una gota de cola, y ya está.

Taladrar lámparas de mesa y de otros tipos para pasarles el cable es una tarea relativamente sencilla si se cuenta con el equipo adecuado. No suele haber dificultades con las lámparas de mesa corrientes, que son bastante cortas y se pueden sostener con la mano mientras las perfora una broca montada en el cabezal de arrastre del torno. Se va empujando la lámpara con el volante de la contrapunta hasta llegar a la mitad o más de la perforación; se da la vuelta a la pieza y se perfora desde el otro extremo hasta horadarla de parte a parte. Sin embargo, las perforaciones más largas requieren utensilios especiales, que se pueden conseguir para casi cualquier tipo de torno. El equipo que muestran las ilustraciones está pensado para el torno Coronet Major y consta de un taladro de cuchara, un accesorio para el soporte del apoyo de herramientas dotado de un punto anular roscado, un centrador en forma de espiga y un torneador para madera. Estas perforaciones largas pueden practicarse antes o después de tornear, pero yo prefiero confeccionar y pulir primero las lámparas. El sistema es sencillo, aunque al explicarlo parezca difícil, y se realiza de la siguiente manera: primero se quita el punto de la contrapunta reemplazándolo por el centrador (Fig. 14); se aplica al apoyo de herramientas el soporte del punto anular, que va atornillado (Fig. 15). Con un pequeño ajuste, se pasa el centrador a través del punto anular (Fig. 16) hasta llegar al extremo de la madera.

Una vez hecho esto, se mueve la contrapunta para apretar la madera al punto de arrastre, y se fijan en la posición debida el

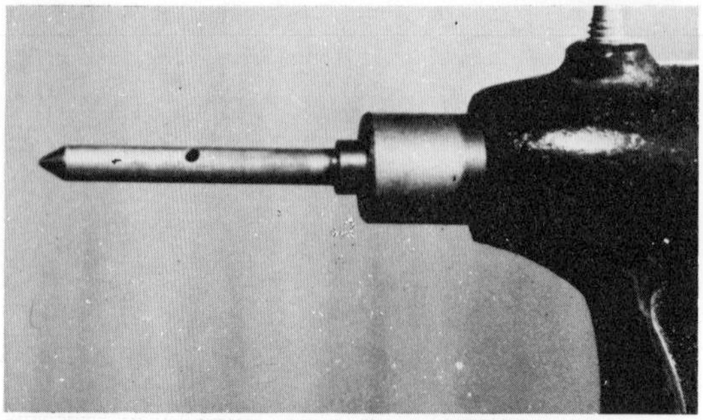

Fig. 14 Centrador aplicado a la contrapunta. El agujerito permite extraerlo mediante un punzón, en caso de que se atasque.

Fig. 15 Accesorio con punto anular, aplicado al soporte del apoyo de herramientas. El centro se coloca en cualquier posición y se fija con la tuerca de mariposa de la parte superior.

Fig. 16 Se aflojan las abrazaderas de la contrapunta y se desplaza ésta de suerte que el centrador atraviese el punto anular.

soporte del apoyo de herramientas y el ac cesorio. Luego se desplaza el carro por taherramientas hasta que el punto anula toque el extremo de la madera, desenros cándolo con una barra pasante hasta qu muerda la pieza (Fig. 17). Se afloja un media vuelta para aliviar la presión y s aplica una gota de aceite a la madera par que no se queme (Fig. 18). Se aprieta l abrazadera del punto anular y se quitan e centrador y la contrapunta.

Se pone en marcha la máquina a una 1.000 rpm, introduciendo firmemente e taladro en la madera, pasándolo por e punto anular. Estos taladros de cuchar cortan bien cuando están bien afilados pero si no lo están se recalientan. Se avan za todo el largo de la cuchara (Fig. 19) pero no más y se retira el serrín (Fig. 20) Se sigue perforando así, en varias etapas hasta pasar de la mitad de la pieza (Fig 21). Luego se le da la vuelta para termina la perforación, pero para ello se quita e punto de arrastre, reemplazándolo por e torneador (Fig. 22), que consta de un vás

Fig. 17 Luego se llevan la contrapunta y el carro portaherramientas hasta que el punto anular toque la pieza por perforar, de suerte que el punto entre en el orificio dejado por el punto giratorio de la contrapunta. Se aprietan todas las abrazaderas y, se desenrosca el punto anular para que muerda en la madera.

Fig. 18 Una gota de aceite en el punto anular impide que la madera se queme.

Fig. 19 Se empieza a perforar, pasando el taladro por el punto anular. Primero se habrán quitado la contrapunta y el centrador.

Fig. 20 Nunca se introduce el taladro en la madera más allá de la longitud de su cuchara. Seguidamente se extrae y se elimina el serrín.

Fig. 21 Se sigue así hasta trasponer la mitad del trabajo, para luego dar la vuelta a la pieza y perforar por el otro lado.

Fig. 22 Torneador para madera montado en el mandril. El vástago centra la pieza torneada, y las uñas la hacen girar.

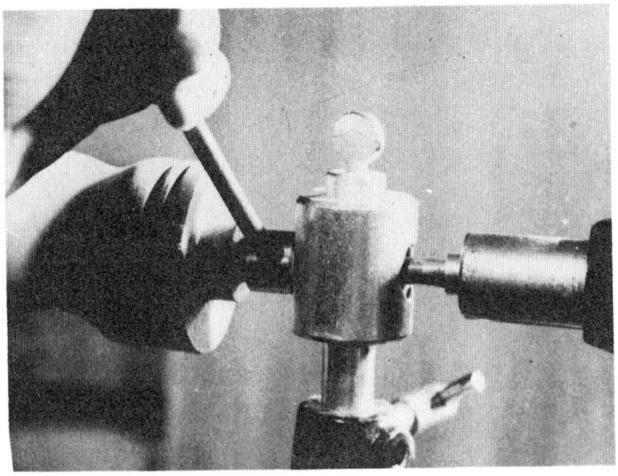

Fig. 17

Fig. 20

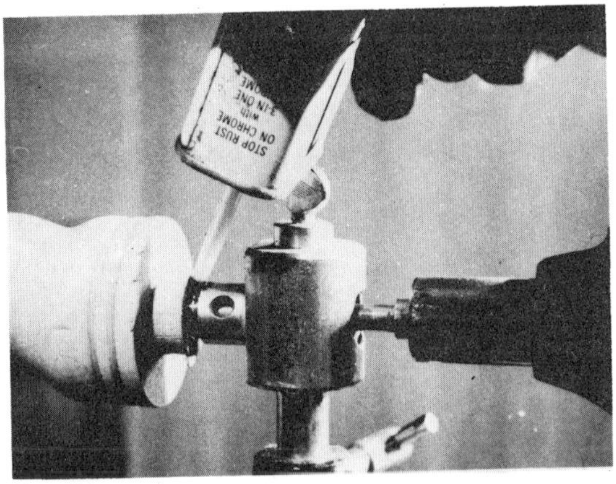

Fig. 18

Fig. 21

Fig. 19

Fig. 22

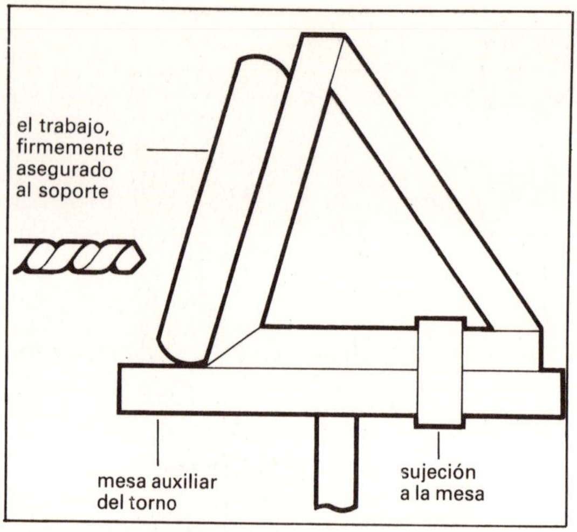

Fig. 23 Perforación en ángulo para patas de taburetes, etc. La broca se coloca en el cabezal de arrastre, y se le lleva la madera deslizando el carro a lo largo de la bancada.

tago, que se introduce en la perforación ya hecha para tener centrada la pieza a la que mueven las uñas de la herramienta. El vástago del modelo que aquí se ve es de quita y pon, sujetado con un tornillo Allen; quitándolo, la herramienta se usa normalmente para abrir hoyos de 25 mm, que se hacen en la base de las lámparas para encajar en ellos la espiga del brazo de la misma. Pero yo nunca la uso para esta operación, porque me resulta más rápido hacer los hoyos con un escoplo separador al tiempo que torneo la pieza.

Es interesante señalar que el punto anular del accesorio que aquí se muestra tiene el mismo tamaño que cualquier punto anular de la contrapunta, de suerte que si se vale de uno de éstos para tornear la lámpara no tendrá necesidad de recurrir al centrador, porque ya estará marcado el punto en que se deberá colocar el accesorio. Me doy cuenta de que esta explicación hace que el sistema parezca complicado, pero las fotografías lo aclaran y, en realidad, es bastante sencillo. Una vez que lo haya practicado unas cuantas veces, lo dominará perfectamente.

A veces surge la necesidad de hacer perforaciones en ángulo, por ejemplo, para poner patas a un taburete de tres. Para ello se puede hacer un soporte de madera como el del esquema de la figura 23, que pueda aplicarse al accesorio de escoplear del torno o a una mesa auxiliar. Simplifica el trabajo, pero tiene que estar fuertemente asegurado. Si se usa el accesorio de escoplear, éste tiene ya un tope de profundidad, pero si se vale de una mesa auxiliar, precisará aplicar al torno una cárcel.

En otro tiempo solía yo fabricar muchas mesas de bar, que llevaban un pilar central torneado y tres patitas en la base. Tenía que practicar perforaciones radiales, pues iban sujetas con clavijas al pilar central, y esas perforaciones, a su vez, tenían que ser equidistantes. Yo marcaba los puntos con una plantilla, pero si su torno tiene cabezal divisor, es mucho mejor. Una idea que puede tener diversas aplicaciones en máquinas como la Major es confeccionarse un disco de metal de unos 25 cm de diámetro con un orificio central de la misma medida que el de la sierra circular. También puede hacerse, simplemente, de madera contrachapada. Se le taladran agujeros equidistantes a determinados intervalos. Se coloca el disco en lugar de la sierra circular, se introduce un pasador por uno de los agujeros y se hace girar el disco hasta que el clavo repose en la bancada; así, con el apoyo de herramientas haciendo las veces de regla, se hace una marca en el trabajo; luego se pasa el clavo por el agujero siguiente, se repite la operación, y así sucesivamente, hasta marcar la pieza en todos los lugares deseados. Este objeto es útil cuando se trata de hacer estriados en una pieza torneada, para marcarlos perfectamente equidistantes.

Algunos usuarios de máquinas universales de este tipo, en lugar del disco descrito se valen de una sierra circular de dientes grandes, usando las gargantas a modo de cabezal divisor, pasando un palo por ellas (Fig. 24). Hacer agujeros perfectamente ra-

Fig. 24 La sierra circular de una máquina universal proporciona un sencillo sistema de dividir un trabajo en partes iguales, con el portaherramientas haciendo las veces de regla.

Fig. 25 Con un trocito de madera inservible, torneado y perforado, puede hacerse una guía para perforaciones radiales.

Fig. 26 Se desliza el carro del torno de forma que la broca atraviese la guía, con lo que el orificio resultante se hallará a la altura del centro de la pieza.

Fig. 27 Se gira el soporte del apoyo de herramientas hasta el contorno de la pieza, y por el agujero de la guía se pasa la broca del taladro eléctrico, con lo que las perforaciones serán radiales.

diales en un trabajo torneado no presenta dificultad alguna. Se tornea un trozo pequeño de madera, como muestras la figura 25, y se sujeta firmemente al soporte del grupo de herramientas. Se coloca una broca del diámetro necesario en un portabrocas Jacobs montado en el mandril del torno, y se atraviesa la pieza por el centro (Fig. 26). Montada en el apoyo de herramientas, la pieza sirve de guía para pasar por ella el taladro eléctrico (Fig. 27), quedando el agujero de esta guía a la altura del centro de la pieza por perforar. Si dicha pieza se monta entre puntas, la guía, montada en el apoyo de herramientas, dirigirá el taladro para perforar agujeros perfectamente radiales (Fig. 27).

Nueve

Quizá debiera aclarar, antes de embarcarme en este capítulo, que el tema de la tornería decorativa, por sí solo, podría dar lugar a un libro entero, por lo que aquí apenas podré hacerle un poco de justicia. Sin embargo, puedo llegar a despertar el interés del aprendiz por esta rama del oficio, y una vez que se haya iniciado, inventará por sí mismo sus propias variaciones. Me limito a los conjuntos de piezas formados por laminados, bloques encolados y segmentos, algunos de los cuales pueden ampliarse y combinarse formando complicados diseños. En todos los trabajos de esta índole las uniones han de ser perfectas, la madera ha de estar bien curada y sólo deben emplearse los mejores pegamentos. Si se observan estas condiciones, no habrá motivo para que ninguna pieza se desintegre durante el torneado, puesto que las colas que hoy se venden son extraordinariamente fuertes. Con todo, cualquier pieza en bruto formada por segmentos encolados debe ser escrupulosamente examinada antes de montarla en el torno y si ofrece dudas hay que prescindir de ella. Es imprescindible prensarlas convenientemente y dejarlas por lo menos dos días a la temperatura ambiente, para que el pegamento se endurezca. La caoba combinada con el tilo o el sicómoro ofrece un buen contraste de colores; yo, en realidad, hago muchos de mis trabajos con caoba y pino corriente. Suele decirse que las maderas deben tener el mismo grado de dureza, y esto quizá sea aconsejable para el principiante, pero no tema usted experimentar.

Fig. 1 Estos cuencos pequeños han sido hechos pegando tablas de madera de colores contrastantes. Luego se recortan en forma de disco, en la sierra de cinta, y se tornean del modo habitual.

Una de las formas más fáciles de la tornería decorativa es el simple estratificado, que consiste en encolar capas de madera de colores contrastantes; quedan unos maderos listados que, cortados luego en la sierra de cinta, pueden servir para hacer platos, cuentos o bases de lámparas (Fig. 1). También pueden cortarse aros de madera con la sierra de calar, los cuales, apilados y encolados convenientemente, sirven para tornear tarros para galletas, cajas, etc. En este tipo de trabajo hay que alternar el sentido de la veta de cada disco para que el objeto terminado tenga estabilidad; también es una ayuda, cuando se emplea el método de los listoncillos, que sus partes interiores alternen (Fig. 2).

Otra forma muy corriente de torneado decorativo, que puede dar lugar a muchas variaciones, consiste en formar discos con cuñas de colores contrastantes alternados, como en la figura 3. También puede hacerse con cuñas del mismo color, insertando entre ellas unos separadores delgados, de madera más clara o más oscura (Fig. 4). Esto no afecta el ángulo en que deben cortarse las cuñas, pero aumenta el diámetro del disco y en el centro queda un agujero que puede taparse o no darle importancia si no va a ser visible en el objeto terminado. Un buen ejemplo sería una base de lámpara en la que el agujero resultará, en realidad, útil para pasar el cable por él. El ángulo necesario para las cuñas se deduce sencillamente dividiendo 180 por la cantidad de segmentos. La colocación del inglete se obtiene restando la cifra resultante de 90, de suerte que un disco de diez piezas hace que el inglete se sitúe a 18°, o que la bancada de la sierra se incline 72°. Para recortar las piezas se usa la sierra de calar y, en lo posible, conviene evitar el lijado de los bordes. Para sujetar los segmentos encolados, cosa muy importante, se atan con un trozo de alambre apretado con una palanquilla de madera, es decir, se hace una especie de torniquete. Con esto suele bastar, pero yo prefiero las abrazaderas atornillables, de secciones, que se ponen o quitan según el tamaño que se les quiera dar.

Cualquier cola de carpintero sirve para pegar, pero algunas se endurecen mucho, por lo que, al tornear, conviene usar gafas o protegerse los ojos de alguna manera.

Las cuñas para los trabajos de este tipo suelen cortarse de tablas (Fig. 5) en sentido transversal a la veta, la cual debe ir describiendo, en el disco armado, un movimiento circular para no producir asperezas en los extremos al tornearlo. Otra ma-

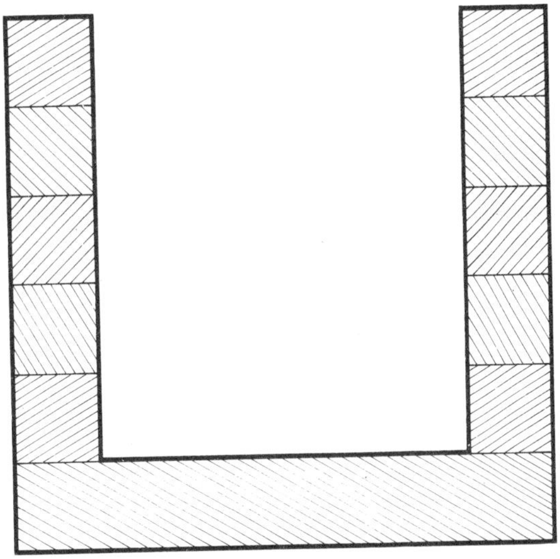

Fig. 2

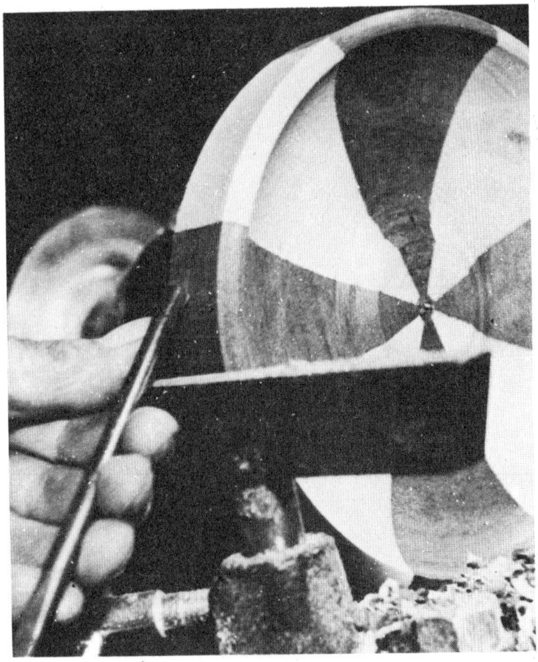

Fig. 3

Fig. 2 Esquema de corte longitudinal de una pieza en bruto hecha a base de anillos de madera.

Fig. 3 Base para lámpara, hecha de cuñas de madera de colores alternados.

Fig. 4

Fig. 4 Pieza en bruto armada a base de cuñas de madera, separadas por listoncillos de distinto color. Como sargento se emplea aquí una abrazadera de mangueras de goma. Los listoncillos aumentan el diámetro del disco y dejan un agujero en el centro.

Fig. 5 Las tablas de madera de forma triangular, recortadas en ángulo en los extremos, se ensamblan como en este esquema.

Fig. 6 Esta pieza en bruto a medio tornear ha sido armada a base de triángulos rectángulos. Los separadores son de madera prensada revenida en aceite. Véase que las hipotenusas de los triángulos son tangentes al agujero central, no diametrales.

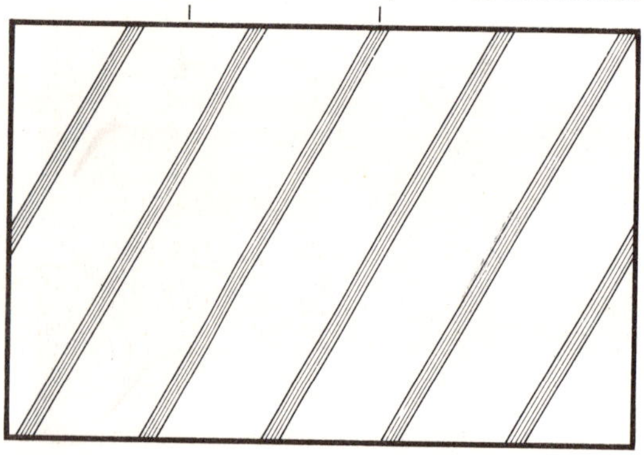

Fig. 5

nera de hacerlo consiste en inclinar la bancada de la sierra, cortar trozos oblicuos de la tabla y luego reducirlos a la medida necesaria. El disco armado con estas cuñas tendrá la veta vertical, de suerte que los extremos de ésta se hallarán en sus dos caras. Pueden conseguirse efectos orginales cortando las cuñas a 90° en lugar de hacerlo en el ángulo más corriente, dando así un aspecto espiral a la pieza en tosco, que a la hora de tornearla puede resultar interesante (Fig. 6). Si las tablas de madera en forma de cuña se cortan transversalmente en su parte posterior, darán un efecto en espiral en los lados de la pieza en bruto. Piezas pequeñas construidas de este modo sirven para encendedores y lámparas de mesa.

Es muy corriente confeccionar lámparas de mesa por el sistema de los bloques encolados al que me he referido más arriba, en la página 60; este sistema permite lograr algunos diseños muy complicados, pero hay que poner sumo cuidado, tanto al armar la pieza en bruto, como al montarla en el torno, donde debe quedar perfectamente centrada para que los resultados sean buenos. El núcleo central se hace perfectamente cuadrado en toda su extensión y exactamente centrado cosa que se comprueba pasando por los extremos el corte de un escoplo de separar (Fig. 7).

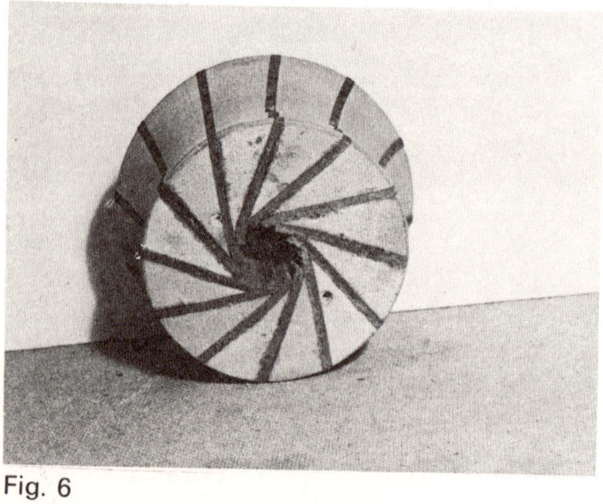

Fig. 6

Cualquier error debe corregirse en este momento para que el resto del trabajo no sea una pérdida de tiempo. Conviene hacerse varios núcleos centrales en una sola sesión, claros y oscuros, porque siempre tienen utilidad. Igual que en otros trabajos, hay que hacer una marca en una de las uñas del punto de arrastre, y otra homóloga, con lápiz, en el extremo de la pieza en bruto, para volver a montar ésta exactamente como estaba. El más mínimo error será muy visible en el objeto terminado. Se fijan las dos primeras laminaciones, con un ligero sobrante, en las caras opuestas del núcleo central y se ajustan e igualan a éste una vez que ha secado el pegamento (Figs. 8 y 9). Luego se pegan las otras dos capas según el diseño deseado (Fig. 10).

En el torneado de cuencos existen varias maneras de introducir un poquito de decoración. Dos de las más populares consisten, una, en encajar tapones de madera de colar contrastante en la periferia del cuenco, atravesando toda la madera o sólo parte de ella; la otra, en embutir tiras de madera en torno de la pieza, idea que puede producir excelentes efectos. La primera se realiza siguiendo el procedimiento ya indicado para practicar perforaciones radiales a los objetos torneados, dividiendo el cuenco por la parte exterior de la manera adecuada (Figs. 11 y 12), y perforándolo montado en el torno con la guía radial pa-

Fig. 7

Fig. 8

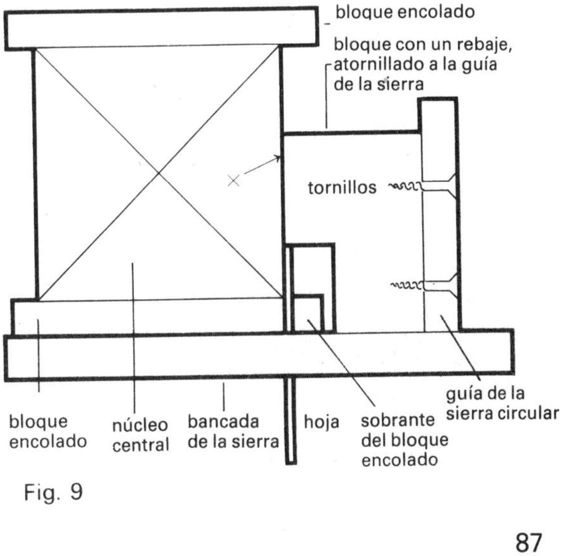

Fig. 9

Fig. 7 Manera de centrar los núcleos centrales para trabajos por el sistema de bloques encolados. Se rebanan los extremos en el torno, con el formón o escoplo de separar. Cualquier error resulta muy visible.

Fig. 8 Etapas sucesivas de la preparación de piezas en bruto de bloques encolados. Nótese que el primer par de bloques encolados es ligeramente más ancho que el núcleo central. Después se recorta la diferencia.

Fig. 9 Emparejamiento de los sobrantes, que debe hacerse cuidadosamente. La pieza corre por la guía de la sierra circular apoyándose en el lado X.

Fig. 10 La lámpara de mesa terminada con arreglo a los métodos expuestos.

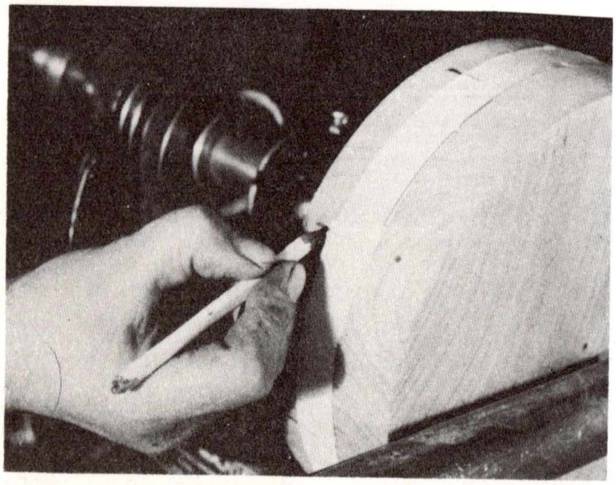

Fig. 11 Se toma una cinta de papel que tenga exactamente el perímetro de la pieza en bruto y se pliega tantas veces como agujeros se deseen practicar. Es una manera de dividir el trabajo, para luego perforar y meter tarugos en la pieza torneada.

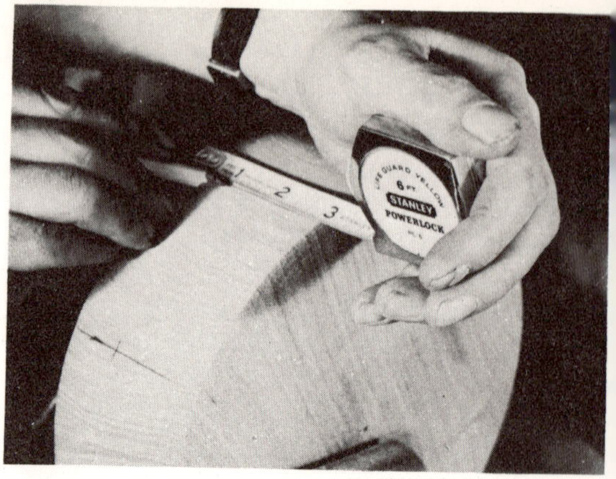

Fig. 12 Con una regla o cinta métrica se marcan exactamente los sitios en que habrá que perforar.

ra el taladro confeccionada por uno mismo. Luego se encajan los tarugos, pero éstos pueden quedar ásperos en la superficie, cosa que no parece conveniente. Mejor es cortar las inscrustaciones en un cortador de tarugos (Fig. 13) y dejarlas sobresalir un poco de la superficie. Una vez que el pegamento esté perfectamente seco, y no antes, se pueden enrasar con una gubia afilada y pulir el trabajo.

La taracea es sencilla y efectista. Se abre un surco, o varios, en el canto del cuenco con un escoplo separador afilado. Las tiras delgadas de madera se preparan en la sierra circular y se pueden someter al vapor, o incluso humedecerlas, para luego colocarlas en los surcos y encolarlas. Tienen que sobresalir un poco, lo mismo que los tarugos, y una vez seco el pegamento se enrasan. Mientras la cola se seca, se puede atar el objeto con un cordel o cubrir las tiras con cinta adhesiva. Tanto la decoración de tarugos como la de tiras de madera quedan muy bonitas, pero hay que hacer el trabajo con cuidado para no arruinar un objeto bien torneado.

En este campo, un objeto que resulta muy atractivo es el recipiente ajedrezado hecho con muchos trocitos de madera encolados. Al principiante le suelen acobardar los trabajos como éste, que parece demasiado difícil; pero, poniendo cuidado, es fácil de hacer y pueden obtenerse excelentes resultados. El principio general, además de a los platos y cuencos, es aplicable también a otros objetos, tales como tarros para galletas y jarrones. Hacer cuencos de esta manera ofrece algunas ventajas que compensan el tiempo que se gasta en formar la pieza en bruto. No hay necesidad de cortar discos en la sierra de cinta, no hay trabajo de ahuecado propiamente dicho, se desperdicia poca madera y no surgen los problemas que crean los extremos de las vetas, porque éstas van en redondo, siguiendo el contorno del cuenco. Por ello, se puede hacer todo el torneado con un raspador afilado si así lo desea, aunque una gubia afilada, usada correctamente, lo hará mejor y con más rapidez. Se gana tiempo si se preparan varias piezas en bruto de una vez, y yo suelo dedicar un día entero a hacerlas cuando empiezo trabajos de este tipo.

Si cuenta usted con una cepilladora dotada de accesorio de regruesar (Fig. 14), la preparación del material le resultará fácil. En caso contrario, tendrá que conseguirse en un buen aserradero tablas de madera de color contrastante, cortadas y cepilladas del mismo grosor, pero recuerde que cada «ladrillo» de madera, de cada hilada, debe tener un grosor exactamente igual a los demás. Si hay diferencias, las uniones no serán buenas, lo que puede ser peligroso.

Una de las mejores maneras de apretar este tipo de piezas es por medio de un

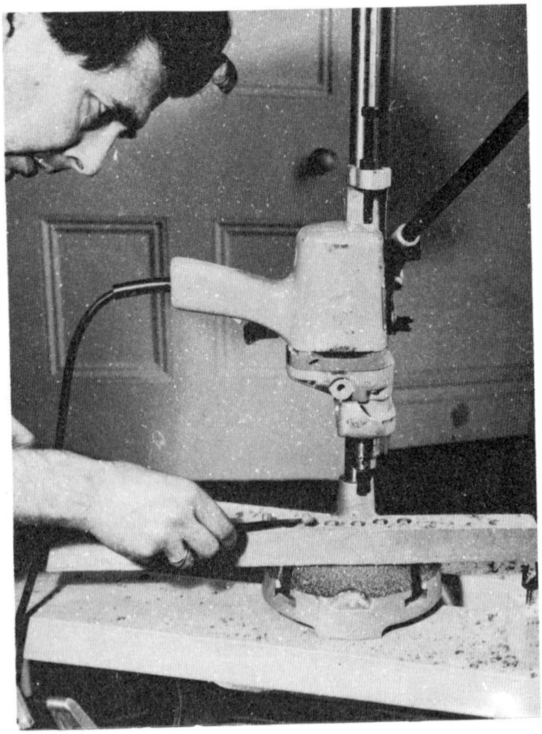

Fig. 13

Fig. 14

Fig. 13 Cortadora especial para hacer tarugos, que luego se insertarán en el borde de una pieza en bruto para plato o cuenco.

Fig. 14 Cepilladora con regruesador, para preparar el material destinado a trabajos laminados. La cepilladora mostrada posee un regruesador de avance mecánico.

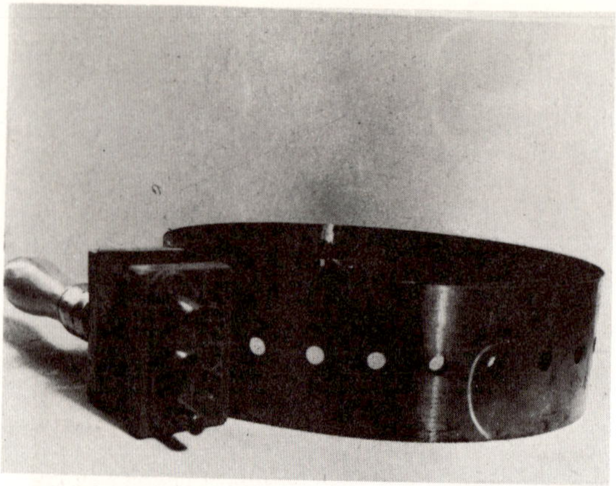

Fig. 15 Sargento del tipo *Flexicramp.* Sirve para sujetar piezas en bruto para cuencos, formadas con «ladrillos» de madera.

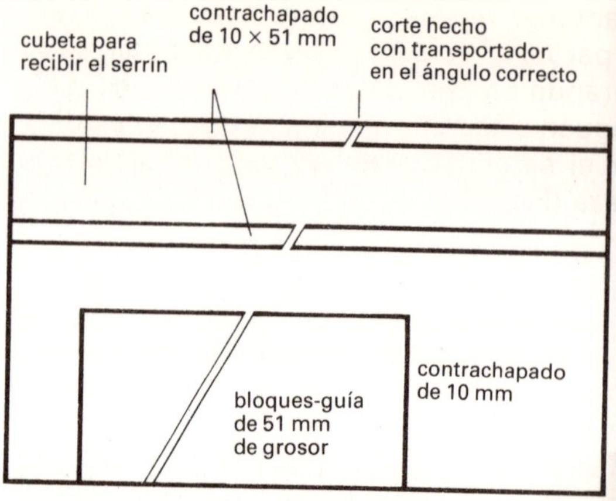

Fig. 16 Artilugio de fabricación casera para recortar ladrillitos a un ángulo determinado. La confección de esta guía debe ser sumamente exacta.

sargento especial, como el de la figura 15, diseñado especialmente para estos trabajos, que además incrementa considerablemente la seguridad. En las revistas de bricolaje suelen publicarse anuncios que los ofrecen, y muy probablemente se consigan en las grandes ferreterías. Estos sargentos ejercen una presión fuerte y uniforme; yo no recomiendo los utensilios de fabricacón casera.

Si las piezas en bruto se arman correctamente, y el torno gira a una velocidad razonable, el torneado no es peligroso. Las bases de estos cuencos se hacen de madera contrachapada, mejor que de madera natural, porque ésta puede aflojarse si hay cambios de humedad, arruinando el objeto. Para establecer el ángulo de corte de los ladrillos de madera se aplica el mismo procedimiento que para los segmentos, tras haber resuelto la cantidad de ladrillos que contendrá cada aro. El corte debe hacerse con la máxima precisión, porque el mínimo error provocará aberturas en la pieza armada. Se pueden cortar en la sierra circular, con una guía de inglete o con algún artilugio confeccionado para el mismo fin (Fig. 16). Si se recurre a esto último, todo dependerá de la exactitud de su confección, de manera que conviene primero probarlo con material inservible y hacerle los ajustes necesarios hasta que quede perfecto.

También se pueden cortar a mano, con una caja de ingletes que dé el ángulo necesario; pero esto es más lento y probablemente, menos exacto. Se precisa algún tipo de tope para asegurarse de que todos los bloquecitos tengan el mismo tamaño, y conviene que el tope, a su vez, tenga algún rebaje o ranura en su superficie inferior para que la acumulación de serrín no afecte la exactitud del corte. Si tiene la suerte de contar con una sierra de brazo radial del tipo de la De Walt, el ángulo de corte es cosa sencilla. Los bloquecitos que forman el fondo de la pieza armada se cortan de una tabla más gruesa que las demás (Fig. 17), porque hay que sacar de ellos la base del cuenco, que debe hacerse con cuidado, a la manera de un contrachapado, para que no resulte fea. Estos bloques más gruesos se ponen al final, con la pieza boca abajo para que el exceso de cola gotee hacia fuera y no hacia dentro.

Si va a dejar la pieza armada en el sargento hasta que se seque el pegamento, su producción se interrumpirá, pero puede remediarlo confeccionándose varios artilugios sencillos de madera, unos círculos atravesados por un perno (Fig. 20), para antener las piezas aseguradas. Se aplica par de círculos a la pieza encolada, se- ırándolos con papeles para que no se ɜguen a aquélla, con lo que se puede qui- r el sargento metálico para armar otra eza (Fig. 21).

Fig. 18

Fig. 19

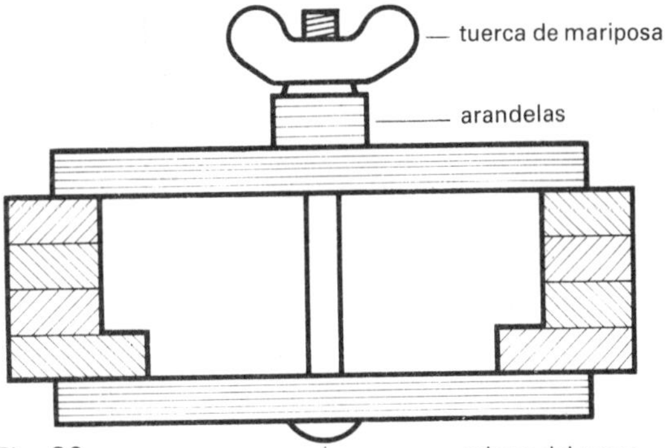

Fig. 20

Fig. 21

ʼig. 17 Torneado de un recipiente, armado a ɔase de «ladrillos» de madera. Aquí se está ɔegando la primera hilada a la base de madera contrachapada.

ʼig. 18 Colocación de los ladrillos dentro del sargento. A veces es preciso dar unos golpecitos al último de cada aro para que entre.

ʼig. 19 Torneado de un cuenco hecho de adrillos, con un raspador afilado inclinado hacia abajo. Dado que la veta de la pieza en oruto sigue un rumbo circular, los extremos de as vetas no plantean problema alguno.

Fig. 20 Para sujetar las piezas armadas se pueden usar dos discos de contrachapado fuerte unidos por un perno central. Así se puede quitar el sargento metálico para volver a usarlo.

Fig. 21 La pieza armada y encolada se sujeta, en este caso, entre dos trozos de contrachapado en el tornillo del banco.

Cuando se arman estas piezas en bruto, la superficie en que se apoyan debe ser perfectamente llana, y yo me aseguro de ello usando un círculo de aluminio. Las bases de los cuencos se recortan de madera contrachapada gruesa, de diámetro algo menor que la pieza en bruto, para ahorrarse un trabajo innecesario en el torno, ya que es sabido que la madera terciada desafila las herramientas. La mejor manera de centrarla es pegarle unos bloquecitos en torno de su circunferencia, en los lugares en que deban ir, y aplicarles un peso encima hasta que la cola se seque. Se pueden realizar muchos diseños; lo mejor es probar con algunas piezas armadas, ya secas, hasta lograr lo que se proponga.

El torneado, en sí, es un trabajo agradable, y el principiante lo debe hacer, preferib mente, con un raspador. Hay que dar c tes ligeros y tratar de evitar a toda co que la herramienta se clave en la made Los filos se pierden más aprisa de lo n mal, así que hay que repasarlos de vez cuando. Cuando se trata de lijar y pulir p zas armadas de trozos o segmentos, h que tener presente que algunos pegame tos se ablandan con el calor, que pue generarse en gran cantidad por fricción estas operaciones.

La profundidad que da el sargento metá co descrito más arriba es suficiente pa trabajos normales, pero si desea un re piente más profundo, puede pegar d piezas armadas.

iez

Los servilleteros, que siguen gozando de mucha demanda, son fáciles de hacer con estos objetos.

La confección de objetos tales como floreros y jarros por métodos semejantes a los de la tonelería resulta interesante; pero, como cualquier otra especialidad en que se torneen huecos armados a base de piezas unidas, requiere mucho cuidado y exactitud, y no es apto para artesanos impacientes y apresurados. Los ángulos han de ser exactos y el armado debe efectuarse cuidadosamente; teniendo esto en cuenta, el trabajo es fácil.

Los objetos profundos torneados de un trozo de madera maciza pueden llevar mucho tiempo para ahuecarlos, como hemos visto en el caso de la cajita de té. Es una tarea engorrosa y difícil, así que vale la pena utilizar algo que ya esté ahuecado. También se debe pensar que, ahuecando un trozo macizo, se desperdicia mucha madera buena, de forma que el tiempo que se pierde armando las piezas en bruto queda suficientemente compensado. En esta clase de trabajos, si los ángulos están bien, las piezas estarán bastante juntas entre sí, ¡pero si están bastante juntas entre sí, no estarán bien! Use una sierra de filos ahuecados para lograr un corte limpio, y no lije después de cortar. Para pegar estos trabajos, yo uso resinas epoxídicas y pongo mucha atención en los dispositivos de apriete. La pieza en bruto, armada y encolada, debe dejarse apretada en un recinto cálido, hasta que el pegamento esté completamente fraguado, preferiblemente durante dos días (Fig. 1).

Por razones de conveniencia, estas piezas se hacen con una longitud de 45 ó 60 cm y posteriormente se cortan de la medida deseada, siendo éste otro de los casos en los que la sierra de cinta (Fig. 2) demuestra su utilidad. Si se desea, se puede dar a las duelas una forma ligeramente convergente, con lo cual la pieza quedará cónica; después de cortar, las pequeñas piezas en bruto serán de tamaño variable, pudiéndose formar juegos. Las duelas se cortan en la sierra circular (Fig. 3), cuyo ángulo de inclinación se halla dividiendo 180 por la cantidad de duelas y restando ese cocien-

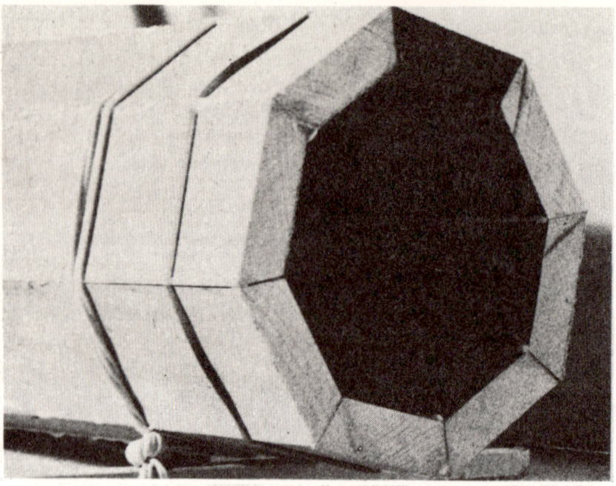

Fig. 1 Una pieza en bruto armada por procedimientos de tonelería y puesta en torniquetes hasta que seque el pegamento.

Fig. 2 La pieza tubular se corta a la longitud deseada en la sierra de cinta.

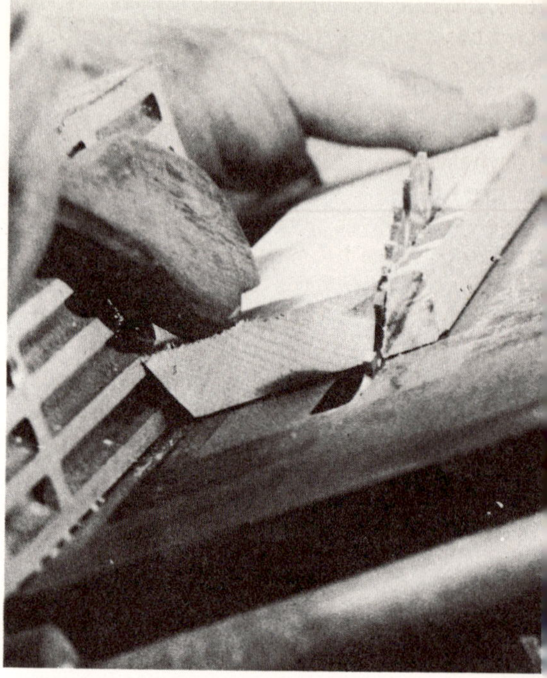

Fig. 3 Ahusado de las duelas en la sierra circular, cuya mesa se inclina según el ángulo necesario. Puede usarse una varilla para empujar la madera. La guía de la sierra debe usarse, aunque aquí ha sido quitada para mayor claridad de la figura.

te de 90. Es claro que habrá otras maneras, pero yo lo hago así. En trabajos tan delicados como éste, no conviene confiarse demasiado en la escala graduada de la sierra circular, sino que resulta mejor confeccionarse un patrón muy exacto, de madera contrachapada, y usarlo para poner la mesa en la posición deseada. Como sargentos se pueden usar abrazaderas grandes para mangueras, o bien, en las piezas cónicas, aplicar aros de metal o de madera para apretar las duelas y asegurarse un contacto perfecto. Hay que aplicar mucha presión, porque un trabajo de esta índole puede provocar heridas graves si se desintegra en el torno, aunque este peligro no sea muy de temer con los pegamentos que se venden hoy en día.

Para hacer convergentes las duelas en la sierra circular se puede confeccionar una sencilla plantilla de madera como la que se ve en la figura 4, corriendo juntas la madera y la plantilla por la escuadra de guıa de la sierra (Fig. 5). Para lo que deseamos hacer, bastará con una disminución de 13 a 16 mm, si la duela tiene 45 cm, lo cual es tan poco, que puede recortarse todo de un solo lado.

Una vez confeccionadas las piezas tubulares, se cortan a la medida deseada en la sierra sin fin (Fig. 6); en el caso de las cónicas, conviene calzar el extremo más estrecho con madera inservible para escuadrar perfectamente los extremos del corte. Con un trozo de madera de desecho se hace un mandril cónico, en el que encaje firmemente la pieza tubular. Se monta la pieza sobre el mandril en el torno, entre puntos, y se hace un rebaje en la base de la pieza tubular, como muestran las figuras 7 y 8. El encastre de la base es muy importante y hay que hacerlo con cuidado, porque por ella se montará la pieza tubular en un plato de tornillo, para hacer el resto del trabajo. Una vez hecho el rebaje en la pieza, se monta el fondo de ésta en un plato de tornillo hecho con un trozo adecuado de madera dura, un poco mayor que la base de la pieza en tosco, en el cual también se habrá hecho un rebaje para que calce perfectamente en el otro de la pieza por tornear (Figs. 9 y 10).

Una vez colocado el fondo y secado el pegamento, se monta la pieza en el plato de tornillo de tamaño mayor (Fig. 11), y se da forma a la parte interior (Fig. 12) con un raspador afilado de extremo redondo, con el cual se darán cortes muy ligeros cada vez. No intente apresurar el trabajo ni cortar con demasiada presión, pues podrá arrancar la pieza del plato. Terminado el interior, se puede lijar, y luego se le coloca un tapón cónico de madera, para poder usar la contrapunta como sostén del trabajo. Se modela la pieza por fuera (Fig. 13) con una gubia afilada puesta casi de canto, sin olvidar que el bisel debe tocar cons-

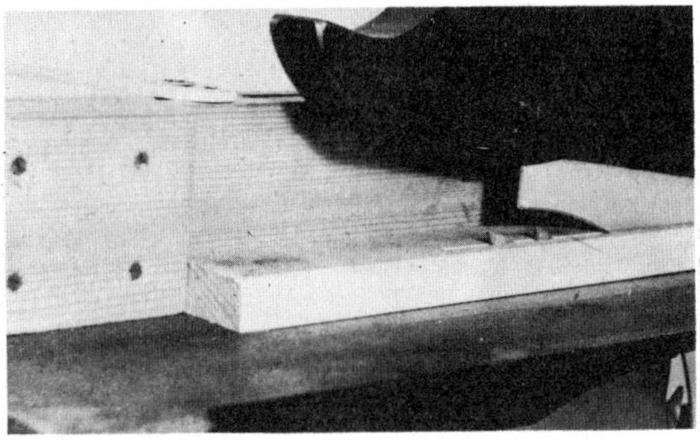

Fig. 4

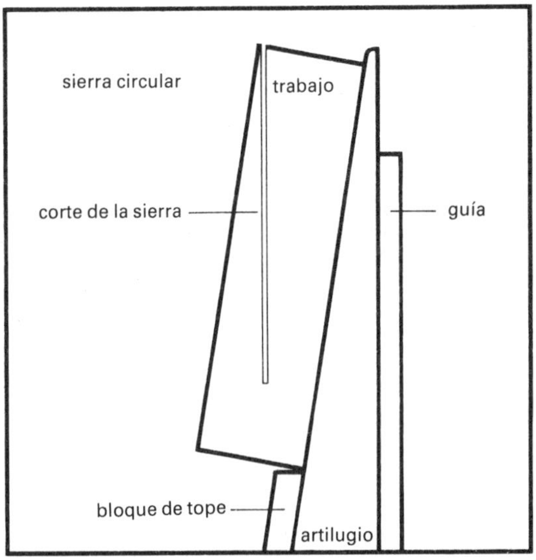

Fig. 5

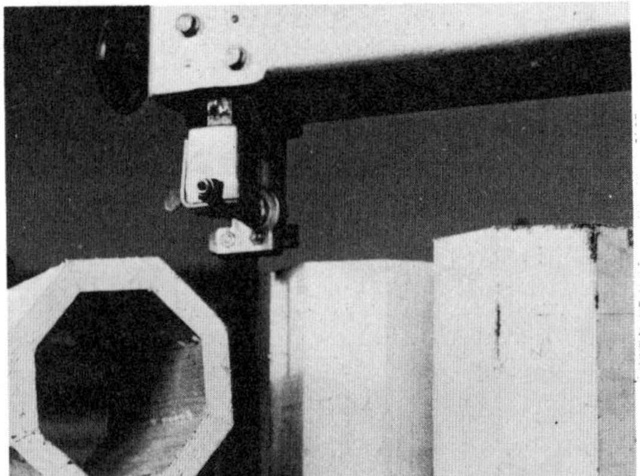

Fig. 6

Fig. 4 Dispositivo para dar convergencia en la sierra circular.

Fig. 5 Sencillo artilugio para cortar duelas convergentes con la sierra circular. Esta pieza y la madera corren juntas por la guía de la sierra.

Fig. 6 Una pieza armada tubular ha sido cortada en tres secciones, en la sierra de cinta, para hacer otros tantos objetos.

Fig. 7

Fig. 9

Fig. 8

Fig. 10

Fig. 7 Una de las piezas en bruto, montada en un mandril cónico torneado en un plato de tornillo. El apoyo de herramientas se coloca transversal al trabajo para poder cortar un rebaje para la base.

Fig. 8 Así queda el rebaje, listo para aplicar el fondo.

Fig. 9 El fondo, ya torneado y también con un rebaje que debe encajar en el otro.

Fig. 10 Se pone cola en todo el rebaje de la pieza en bruto, se coloca el fondo y se deja secar bajo presión.

ig. 11

Fig. 11 El conjunto, montado en el plato de tornillo grande, está ya listo para el torneado.

Fig. 12 Modelado del interior, con un raspador de punta redondeada.

Fig. 13 El modelado de la parte exterior se efectúa con una gubia de desbastar de 20 mm, dando cortes ligeros. Se le puede poner en la boca un tapón cónico, para poder sostener la pieza con la contrapunta.

Fig. 12

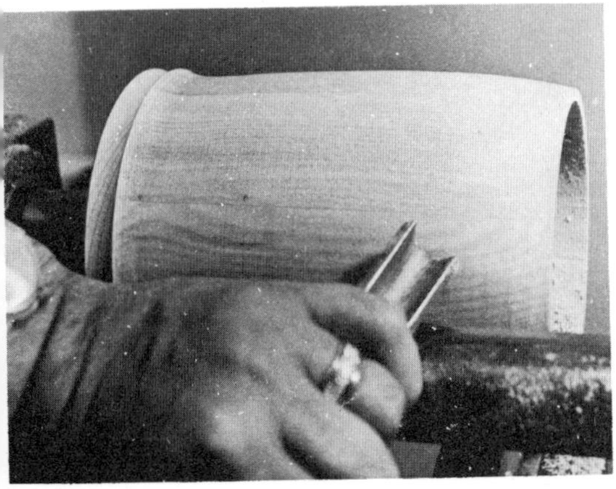

Fig. 13

tantemente la madera. Las piezas en bruto de este tipo pueden hacerse con una sola clase de madera, con separadores (Fig. 14), o bien con maderas que contrasten (Fig. 15).

Las jarras para beber se hacen de madera de roble; el asa es una pieza suelta, pulida y lijada, que se aplica con cola y tornillitos de bronce desde dentro. Si se desea que tengan aspecto de antiguo, se les puede ahumar; para ello se los cuelga de la parte superior de un cajón de té o caja similar, en el fondo del cual se pone un plato lleno de amoníaco puro y sin rebajar; se cubre el recipiente y se los deja a la acción del producto químico hasta que tomen el color deseado. A veces se hacen estas jarras armando cuidadosamente la pieza en bruto, para luego no tener que tornearla por dentro, lo cual, además de darles un bonito aspecto, ahora tiempo.

Aparentemente, todos los que se interesan por la tornería en madera acabarán, tarde o temprano, por querer confeccionar servilleteros. Es una tarea engorrosa, que yo evito siempre que puedo, pero tiene el mérito de que se precisa muy poca madera y se trata de artículos de fácil venta. Se pueden hacer de madera maciza o a partir de piezas laminadas, pero si se opta por este último método, hay que ser muy cuidadoso a la hora de centrar los bloques,

Fig. 14 Esta pieza, armada por procedimientos de tonelería, tiene separadores de cartón aceitado.

Fig. 15 Pequeño macetero de maderas de color contrastante.

Fig. 16 Antes y después. El objeto terminado (izquierda) puede convertirse en una jarra, acoplándole un asa. Pero también puede servi como jarrón.

para no arruinar el diseño. El agujero s puede perforar antes de tornear las pieza o después, pero todo resulta mucho má sencillo si se hace antes. El tamaño de lo bloques depende de las preferencias d cada uno, sin embargo, para empezar, se rá suficiente con un cubo de unos 5 cm d arista.

El agujero deberá tener un diámetro apro ximado de 40 mm, y se puede taladrar en una taladradora o por el método que ex pongo en las figuras 17 y 18, montando una cuchilla para interiores en el cabeza del torno y acercándole la madera con la escopleadora. También se puede usar simplemente la contrapunta para acercar la madera a la broca, pero en este caso sólo se puede perforar hasta la mitad y luego darla vuelta a la pieza para horadarla por el otro lado. Se quita el punto de la contrapunta, reemplazándolo por un trozo de madera inservible para empujar la pieza hacia la broca.

El paso siguiente es tornear un mandril cónico de madera, figura 19, al que se ajustan las piezas en bruto, figura 20, para sostenerlas mientras se las tornea por fuera, figura 21. Los cortes deben ser ligeros y,

g. 17

Fig. 18

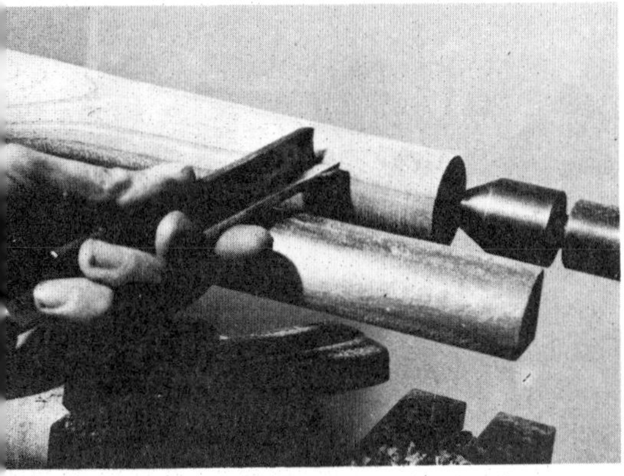

g. 19

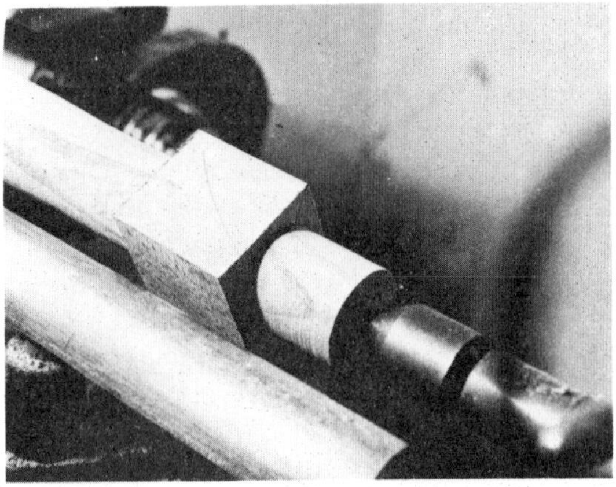

Fig. 20

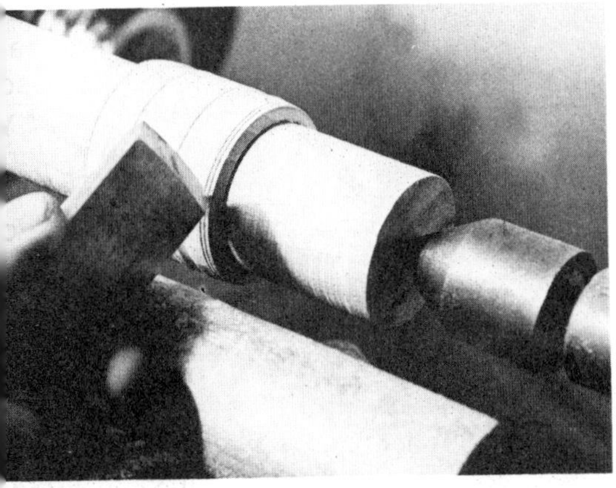

Fig. 21

Fig. 17 Perforación de un cubo de madera para hacer un servilletero. En este caso, la pieza está sostenida en el accesorio de escoplear, y la broca en un plato sujeto al mandril.

Fig. 18 Para estas perforaciones, el torno debe correr a velocidad reducida, que en este caso se ha logrado merced a una caja de velocidades. Las virutas deben ser como las que aquí se ven.

Fig. 19 Torneado de un mandril ahusado, en el cual se montarán los cubos para hacer servilleteros.

Fig. 20 Uno de los cubos está colocado en el mandril, y el apoyo de herramientas está puesto para empezar a tornear.

Fig. 21 Torneado de servilletero por fuera, con incisiones decorativas.

una vez satisfecho con la forma obtenida, se puede lijar y pulir el objeto. La longitud del mandril de madera no tiene mayor importancia, pero hay que hacerlo lo bastante largo como para que permita trabajar con comodidad. Digamos de unos 20 cm.

Acabado el exterior, se quita la pieza del mandril para trabajarla por dentro. Puede hacerse a mano, pero es mejor hacerse con un plato hueco de madera blanda, en el cual encaje exactamente el anillo de madera (Fig. 22). También puede usarse madera dura, pero la blanda es más elástica y, por ello, es mejor para trabajos de esta clase. El interior del anillo se desbasta con un raspador afilado, inclinado hacia abajo, haciendo las bocas ligeramente acampanadas, tras lo cual se lija y se pule. Es evidente que todos estos pasos no se dan uno por uno en cada pieza; se preparan dos o tres docenas de piezas en bruto, y se dan los mismos pasos con todas antes de pasar a las siguientes. Como los servilleteros se suelen vender en juegos, hay que aplicar cuidadosamente los calibres y los escoplos separadores para lograr piezas idénticas.

El uso del mandril cónico y del plato hueco no se limita a la producción de servilleteros; el mismo método es aplicable para hacer saleros y pimenteros, aros de madera, marcos circulares para cuadros y muchas cosas más. A muchos torneros les encanta hacer vinagreras, y también se pueden comprar pequeños revestimientos de cristal azul para los tarros de mostaza. Los juegos de este tipo hacen muy bonitos en bandejas de madera, y resultan fáciles de confeccionar si se trabaja correctamente. Los objetos ahuecados, tales como saleros y pimenteros, deben siempre perforarse antes de tornearlos, porque, haciendo las cosas al revés, es muy difícil que la perforación quede perfectamente centrada. Las piezas para tornear vinagreras se cortan primero de la longitud deseada y luego se perforan hasta la profundidad que se desee con una broca de unos 2,5 cm de grosor. El mostacero se horada con

Fig. 22 Una vez torneado el interior, se pone el servilletero en un plato hueco de madera blanda, para el acabado por dentro. Los bordes van ligeramente acampanados por el interior.

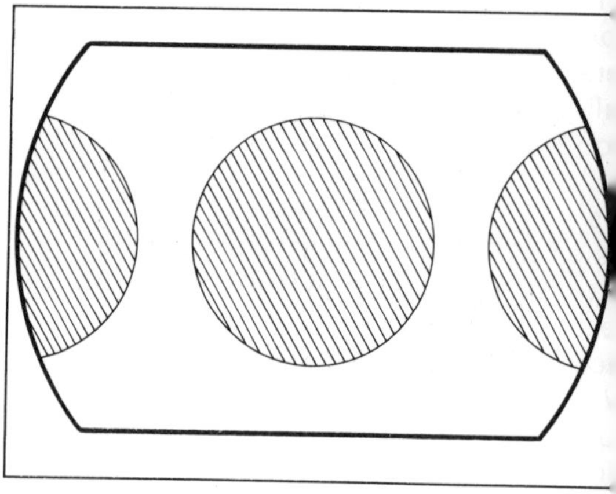

Fig. 23 Servilletero de bloques encolados. Se pueden hacer muchos modelos distintos.

un diámetro suficiente para que el revestimiento entre con facilidad; si no se cuenta con una broca para interiores lo bastante ancha, se le hace una perforación lo más grande posible, que luego se ensancha con un escoplo separador.

Veamos en primer lugar los saleros y pimenteros. Hay dos maneras de abordar el modelado exterior: puede montarse el bloque entre puntos en el torno, aplicando un tapón en la boca para apoyarlo en el to de la contrapunta, si es necesario . 24), con lo cual el trabajo se convierte una tarea corriente de ahusado. La otra siste en tornear un tapón ligeramente ico e introducir en él el bloque. Para near se usa una gubia afilada, pero sin rcer demasiada presión con el fin de no ancar la pieza del tapón. Si se opta por primera de estas maneras, la pieza en to debe ser un poquito más larga para ar un sobrante en el lado del cabezal de astre, que luego se recorta. Después de r y pulir, se perforan los agujeritos de la te superior y se les ponen las tapaderas la parte inferior. En el comercio se venn unas de plástico, especialmente para e uso, pero también pueden ser de coro. El mostacero es fácil de hacer. Tanto recipiente como la tapadera se confecnan sobre el plato de tornillo para mara (Figs. 25 y 26). Después de tornear y lir la tapadera, se separa del resto del oque.

s aros de madera y los marcos circulas se tornean de modo similar. También emplea el plato de tornillo, en el cual se sbasta la pieza en tosco hasta darle la edida exacta y se modela por fuera (Fig.), tras lo que se la transfiere a un plato ueco de madera blanda, ligeramente cóco por dentro. La superficie interior de te se deja áspera, para que «muerda» ejor la madera que tendrá que hacer gir. Se marca el diámetro interior y, con el scoplo separador, se hace un corte hasta mitad del espesor de la madera, por entro de la línea, en la parte que se ha de esechar (Fig. 28). Luego se modela el aro on una gubia de 10 mm, cortando con un do del filo, de manera que saque buenas irutas (Fig. 29). Se pule este lado, se inierte la pieza y se termina el aro aplicano el mismo procedimiento, pero teniendo mucho cuidado cuando esté a punto de epararse la madera sobrante (Fig. 30). Si ueremos confeccionar un marco circular, a primera parte del trabajo es igual al que e hace con el aro, dando forma y puliendo el frente del objeto. Luego se da la vuela a la pieza, se marca el diámetro interior,

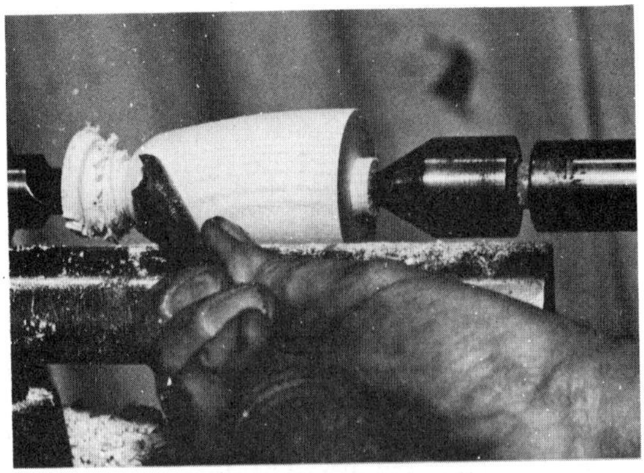

Fig. 24 Modelado exterior de un salero o pimentero. Esta tarea se hace después de hacer una perforación previa en la pieza, a la que se pone un taponcillo, para poder sostenerla con la contrapunta. Si ésta tiene punto giratorio, el taponcillo puede ser innecesario.

Fig. 25 Torneado de un mostacero en un plato de tornillo.

se hace el rebaje para el cristal con el escoplo de separar y se elimina la madera sobrante del centro.

Los que hayan visto en exhibiciones cómo confeccionan hueveras los torneros profesionales habrán advertido que en pocos minutos se puede hacer un objeto bonito y útil con un trozo de madera de desecho, y quizá sea por ello por lo que a los principiantes les encanta ensayarlo. Pero es de lamentar que se hayan escrito muchas co-

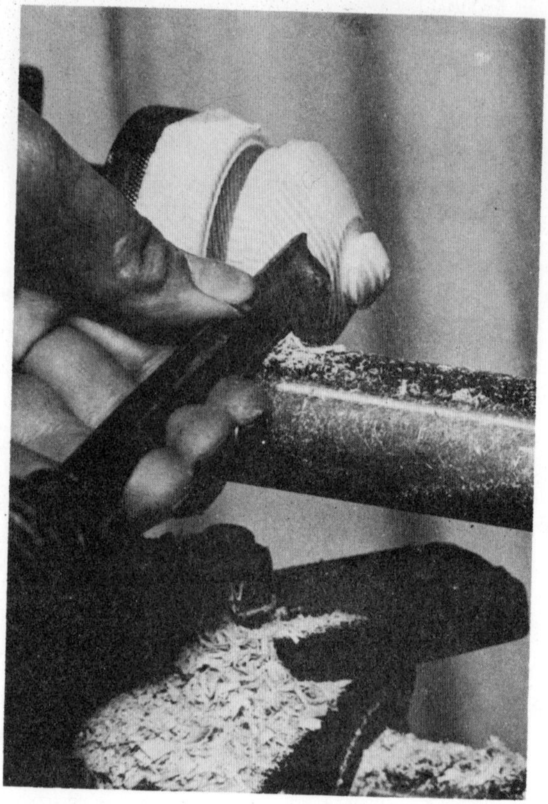

Fig. 26 La tapa del mostacero se tornea también en el plato de tornillo.

Fig. 27 Conformado del borde de un disco con el cual se confeccionará un aro.

sas raras acerca de esta tarea, algunas de las cuales no llevan a otra cosa que a la frustración, a menos que el tornero sea muy ducho... en cuyo caso es poco probable que les preste la más mínima atención. Se ha llegado, por ejemplo, a aconsejar tornearlas en «barras», de varias a la vez. Me atrevo a decir que si el aprendiz ensaya este método una vez, es improbable que lo intente de nuevo, y las dificultades que se le hayan presentado, le harán más prudente para la próxima ocasión. Digo esto por dos razones: una, porque si se modelan las hueveras antes de ahuecarlas, no se mantendrán firmes en la perforadora y hasta es posible que se quiebren por el cuello. Aparte de esto, cuando las piezas han sido separadas entre sí, el problema de montarlas bien centradas en el torno, aunque quizá no sea insoluble, quiere mucha habilidad e ingenio. Ant solía venderse un extraño artilugio des nado a tornear hueveras y otros objet por el estilo y yo me mandé hacer u (Fig. 31), pero no me gusta en absoluto

Otra idea que a veces sostienen, sospecl que personas que no la han puesto práctica, es la de montar el bloque en plato de tornillo para madera, y ahuecar con un instrumento cortante de fabric ción casera, en forma de espada, soster do en la contrapunta. Pruébelo, desde lu go que a veces da resultado, pero nac tiene que ver con el oficio de torner Cualquiera que se haya tomado la moles tia de ahuecar las hueveras con una gubi afilada de 6 mm podrá realizar la opera

Fig. 28 Formación del aro, torneando con el escoplo separador. Luego se da la vuelta a la pieza y se la coloca en un plato hueco.

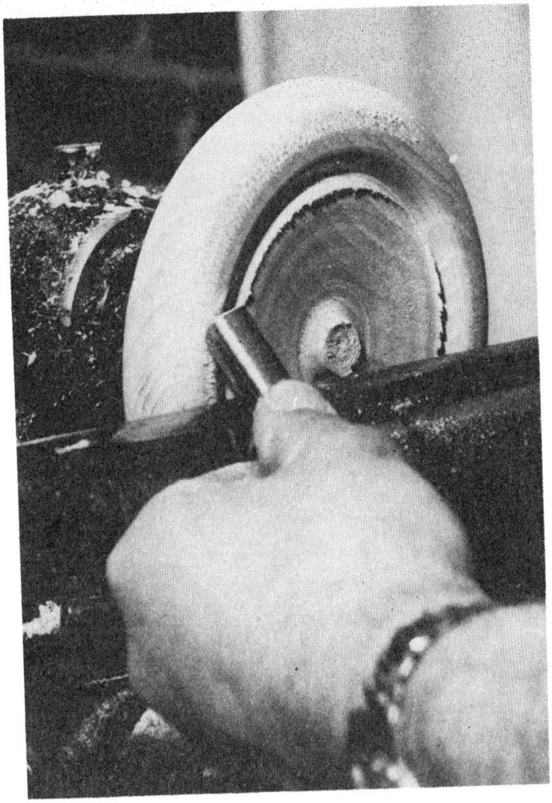

Fig. 29 Conformado del aro, con una gubia de 10 mm puesta de lado.

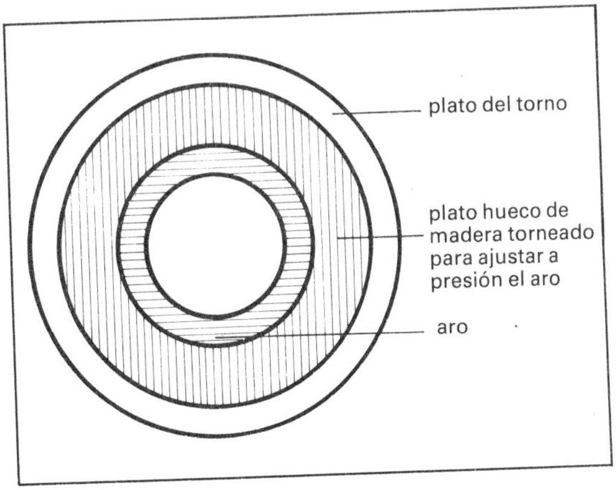

Fig. 30 La pieza en bruto daba la vuelta sobre el plato para terminar el trabajo por el otro lado.

Fig. 31 Plato especial para sujetar bloques para hueveras, que un metalúrgico puede confeccionar fácilmente. Los bloques se tornean primero, dándoles forma cilíndrica, con un rebaje en un extremo que calce en el reborde de esta pieza.

ción más rápidamente que con cualquier truco. Hay muchas prácticas indeseables que a veces se recomiendan, que nada tienen que ver con la artesanía, tales como el uso de la garlopa de carpintero para el trabajo de ahusado, sosteniéndola en el apoyo de herramientas. Esto puede ayudar al que sea incapaz de manejar un formón oblicuo como es debido, pero los artesanos no tienen por qué recurrir a soluciones improvisadas.

Si tornea usted hueveras con los métodos que aquí se indican no tendrá dificultades, porque todo lo que requieren es paciencia y mucha práctica. La forma a la que me refiero es la que suelo usar en las exhibiciones, porque incluye la mayoría de los cortes básicos, y el dominio de la técnica de ahuecar es muy útil para otros trabajos. Adquirir práctica en la confección de juegos de hueveras, verdaderamente idénticas, es una gran ayuda para otras clases de trabajo de copia.

Las hueveras se tornean en el plato de tornillo más pequeño, porque su base no obstaculiza a las herramientas de corte. Al novato puede producirle cierta duda la capacidad de sustentación de un solo tornillo introducido en las vetas extremas pero todo irá bien si las herramientas están afiladas y se dan cortes ligeros. Se usan maderas duras, como el haya o el olmo, aunque yo las he torneado de pino con el plato de un solo tornillo. Los bloques son de acción cuadrada de 50 mm de lado, por unos 75 mm de longitud, o poco menos, y los extremos deben estar recortados perfectamente a escuadra, pues de lo contrario no girarán correctamente y, con ello, se les reducirá un poco el diámetro.

Para marcar los centros se trazan las diagonales en los extremos, de la manera habitual, y se les hace un primer orificio con un punzón, para luego meter el tornillo. Si se propone tornear una cierta cantidad de hueveras, es mejor que prepare los bloques y luego les haga una perforación previa en una taladradora con una broca de 1,5 mm, como en la figura 32. Luego se monta el plato de tornillo en el mandril del torno y se le atornilla el bloque. Debe quedar firme, pero sin exagerar, para que no surjan problemas. Montada la madera, se coloca el apoyo de herramientas (Fig. 33) y se tornea hasta darle forma de cilindro con la gubia de desbastar y de la manera indicada más arriba. En esta etapa se puede, si se desea, tornear entre puntos para apoyar mejor.

No importa si a esta altura no tornea usted un cilindro perfecto. Con que esté el bloque más o menos redondeado puede ya dársele al extremo una ligera concavidad (Fig. 34). Puede hacerse con un escoplo separador, pero el acabado resultará áspero. Mejor si utiliza un formón oblicuo (Fig. 35). Recuerde que sólo debe usar la punta y mantener el resto de la hoja cerca de la madera. A continuación se pone el apoyo de herramientas enfrentado al trabajo y se marca el centro con la punta de un punzón sostenido a unos 45° de la pieza (Fig. 36), mientras la pieza gira. Encontrado el centro exacto, se introduce perpendicularmente el punzón en la madera hasta una profundidad aproximada de 13 mm, se detiene el torno y se le da la vuelta a la pieza sobre el plato. Como la base es cóncava, tendrá ahora una línea de contacto con los bordes del plato, con lo cual logrará una mayor sujeción y, una vez terminada la huevera, se sostendrá de pie sin balancearse. Se vuelve a poner el apoyo de herramientas paralelo al trabajo y se dan un par de cortes ligeros con una gubia de desbastar para corregir cualquier inexactitud del nuevo montaje.

Llegado a este punto, puede seguir adelante y terminar completamente, a pulso, el primer ejemplar, que le servirá como muestra para los demás del juego, o preparar un patrón con una tablilla, como en la figura 37. Es una simple tablilla de madera inservible, en la que se marcan la altura del pie, el largo del cuello, el radio del fondo de la copita y la altura total exacta de la pieza. La mejor manera de hacerse

Fig. 32

Fig. 33

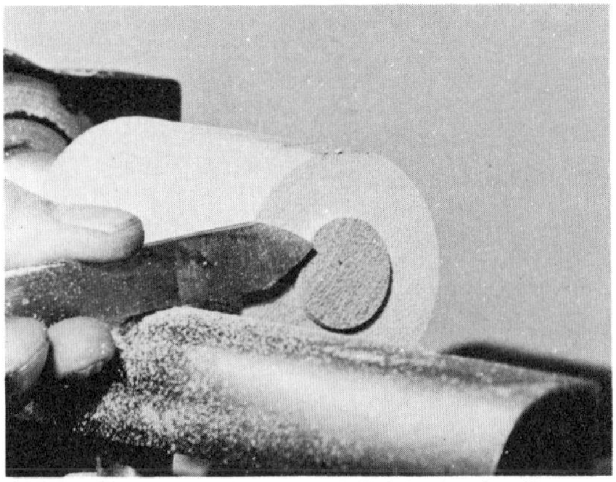

Fig. 34

Fig. 32 Perforación previa de los bloques para hueveras, con una broca de 1,6 mm.

Fig. 33 La pieza en bruto, antes de reducirla a forma de cilindro con la gubia de desbastar.

Fig. 34 El extremo del bloque, ya de forma cilíndrica. Con el escoplo de separar se le da una forma ligeramente cóncava. Pero el acabado es mejor con el formón oblicuo, con cuya punta se hace un trabajo de corte, no de raspado.

Fig. 35 La punta del formón oblicua limpia el extremo cóncavo del bloque.

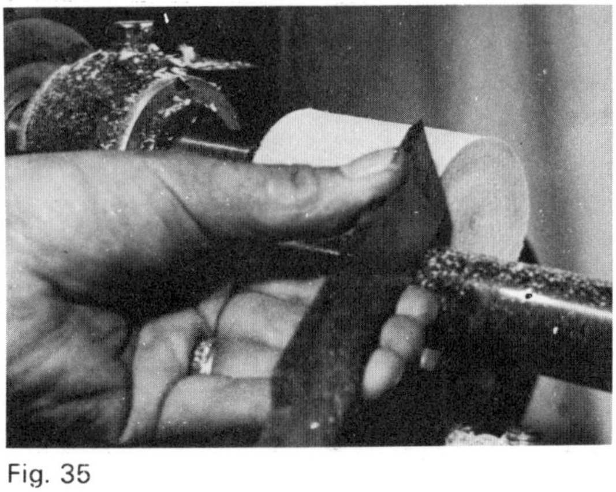

Fig. 35

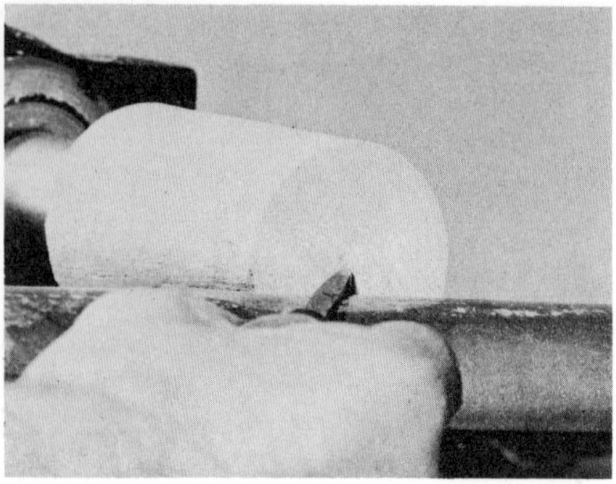

Fig. 36

Fig. 37

Fig. 38

estas tablillas consiste en trazar rayas de lápiz en los puntos debidos y luego, con un formón, hacer en cada una un cortecito en «uve», que sirva de guía para el lápiz con que luego se marcará la pieza por tornear. Si se desea, se pueden poner clavitos de punta en el borde de la tablilla, en los puntos necesarios, con los que se marca luego el trabajo, aplicándole las puntas mientras gira. Pero hay que apoyar la tablilla en el apoyo de herramientas y situar éste muy cerca del trabajo para mayor seguridad.

Una vez hechas las marcas, se elimina con el escoplo separador todo lo que sobre de la longitud (Fig. 38), y se le da la forma cóncava exterior con una gubia o un formón oblicuo. En este momento, mientras la pieza en bruto tiene todavía suficiente madera, se debe hacer el ahuecado, porque si se espera a darle primero forma por fuera pueden surgir dificultades debidas a las vibraciones provocadas por la flexión del cuello de la copa, que puede incluso llegar a partirse.

En cuanto al ahuecado, es sumamente importante el principio que se aplique. Los objetos pequeños como éstos, en los que las herramientas trabajan contra los extre-

Fig. 36 El centro del bloque se busca manteniendo en el apoyo de herramientas, enfrentado a él, un punzón colocado en un ángulo de aproximadamente 45° del trabajo. Una vez hallado el centro exacto se le hace un orificio con el punzón, para guiar el tornillo al dar la vuelta a la pieza.

Fig. 37 Para marcar el trabajo, una vez que se le ha dado la vuelta en el plato, se usa una tablilla de guía en la que están señalados los puntos claves.

Fig. 38 La madera que sobra de la longitud deseada de la pieza se elimina con el escoplo separador.

mos de las vetas, pueden excavarse con raspadores, obteniéndose resultados bastante tolerables; pero el método es lento, y una gubia afilada es mucho más eficiente. Me hago cargo de que en este caso estoy predicando en contra de mí mismo, ya que podrán ver, por el croquis de la figura 39, que la gubia corta contra la veta. Si la superficie resultante no queda lista para lijar, lo cual es poco probable a menos que la gubia esté desafilada, se dan los cortes finales con un raspador de extremo redondeado, trabajando a favor de la veta, desde el centro hacia fuera, con lo que mejora mucho el acabado.

Veamos ahora exactamente cómo se ahueca un objeto de esta clase con la gubia semicircular de 6,4 mm. Será conveniente que el bisel de la herramienta sea un poco más corto que el que se usaría para un trabajo normal de ahusado, porque lo que interesa es que tenga un extremo más bien redondeado, no agudo, que podría incrustarse en la madera. El apoyo de herramientas se coloca enfrentado al extremo libre del bloque, cerca de éste y un poco por debajo del centro, practicándose los cortes desde fuera hacia dentro. Si se hiciesen en sentido contrario, la gubia patinaría al principio de cada corte debido a que el bisel no tendría dónde apoyarse hasta tener el corte empezado. El movimiento que se describe con la herramienta es de cuchara, empezando con la gubia puesta completamente de lado y perpendicular al apoyo de herramientas (Fig. 40), bajando el mango y haciendo rodar la gubia hasta la mitad de su dorso a medida que el corte avanza (Fig. 41). Puede parecer complicado al principio, pero las ilustraciones lo aclaran y la técnica es rápida de asimilar. Si se hace el acabado con un raspador, hay que moverlo como una escoba, manteniendo la herramienta aplastada contra el apoyo y dándole un movimiento de pivote entre éste y el pulgar para que describa una curva suave. Se va cortando desde el centro hacia fuera, con ligereza. Hay que evitar que la huevera tenga un borde excesivamente delgado, que resultaría débil; por otra parte, siendo muy fino, puede provocar cortes al lijarlo o pulirlo.

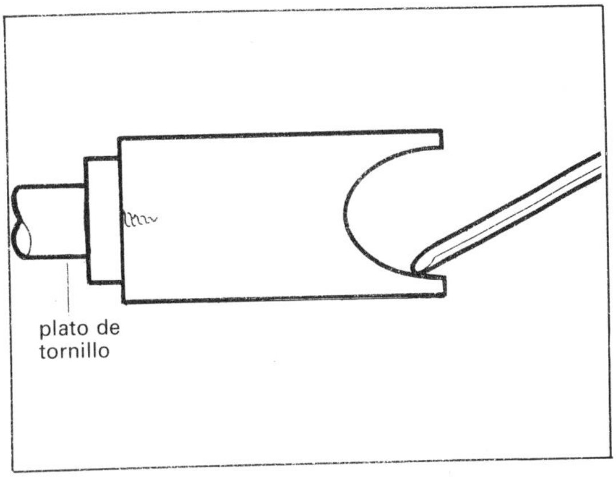

Fig. 39

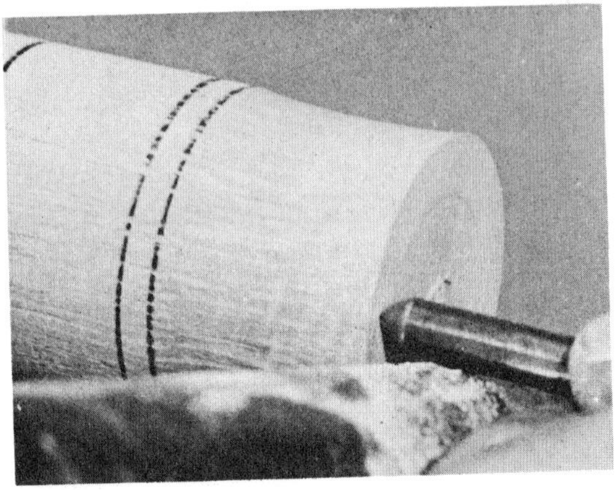

Fig. 40

Fig. 39 Ahuecado de la huevera con una gubia pequeña. La herramienta trabaja aquí a contrafibra, pero unos toques finales con un raspador afilado, llevándolo del centro hacia fuera, alisan la superficie.

Fig. 40 Comienzo del trabajo de ahuecado de una huevera, con una gubia de ahusar que debe tener un bisel bastante corto. Se usa de lado, perpendicularmente al apoyo de herramientas.

Fig. 41 Continuación del ahuecado. A medida que el corte de la herramienta avanza hacia el centro, se hace rotar a ésta una media vuelta.

Fig. 42 Con el escoplo de partir se hacen dos cortes para establecer el fondo de la copa y el extremo inferior del pie.

Fig. 43 Para eliminar la madera sobrante se eleva el apoyo de herramientas y se emplea el formón oblicuo.

Terminada la parte interior, se empieza a dar la forma exterior de la huevera. Ahora quedará clara la razón por la cual primero se hizo el ahuecamiento, puesto que, siendo las paredes tan delgadas como son, cortar sobre ellas resultaría difícil. Se coloca el apoyo de herramientas paralelo al trabajo, en posición más bien baja, porque luego habrá que usar el escoplo separador, que corta mucho mejor estando apuntado hacia arriba. Vamos ahora a desbastar el sitio correspondiente al cuello de la copa, así que haremos un corte inmediatamente a la derecha de la línea que marca su parte inferior, y otro inmediatamente a la izquierda de la que determina el fondo de dicha copa, profundizando hasta que el cuello tenga un grosor aproximado de 20 mm, como muestra la figura 42. Si se sabe ya el grosor que se le quiere dar, se comprueba con los calibres, dejándola 1,5 mm más gruesa, para el acabado final.

La madera sobrante se puede eliminar con el mismo escoplo de partir, pero la práctica corriente es hacerlo con un formón. Ya he dicho esto antes, al referirme a la eliminación de madera entre cortes, pero vale la pena insistir, porque es un tipo de corte sumamente útil. El apoyo de herramientas se coloca casi al mismo nivel que el borde superior del trabajo, y el formón tiene que estar lo más afilado posible. Se coloca horizontalmente sobre el apoyo, con el filo paralelo al eje de la pieza. Luego se apoya la hoja sobre la madera, de modo que el filo quede del otro lado, sin cortar, y se le hace retroceder hasta que empiece a hacerlo. A continuación se mueve el formón de modo que el filo describa un arco hacia delante y abajo, ¡así conseguirá usted esas buenas virutas de que tanto nos hablan! Una vez que haya desentrañado el secreto de esta técnica (Fig. 43), le encantará usarla.

Terminada esta parte del trabajo, se le puede dar un poco de forma al pie y al fondo de la copa con la punta de un formón oblicuo o de una gubia (Fig. 44). Ocurre a veces que, al modelar el fondo dc la copa, aparezcan marcas indeseables debidas a vibraciones del cuello. En tal caso, se puede sostener la copa con una mano mientras se hacen los cortes con la otra y, si es realmente necesario, se recurre al apoyo de la contrapunta.

Luego se da la forma cóncava al cuello con una gubia afilada (Fig. 45), y los rebajes u «hombros» que lleva en cada extremo se pueden cortar con la punta de un formón (Fig. 46). Se hacen también las dos ligeras incisiones del fondo de la copa con la punta de un formón oblicuo, y así termina la parte de torneado.

Se lija la huevera por dentro y por fuera (Fig. 47), pero si ha hecho usted bien el trabajo de torno no tendrá mucha necesidad de pulir. A muchos les gusta chamuscar el borde de la copa, aplicándole mientras gira un trozo de madera inservible (Fig. 48), pero, ¡cuidado, no se pille los dedos! Se afirma que esto fortalece el borde, como cuando se endurecían al fuego las puntas de las flechas; cierto o no, es un bonito toque final (Figs. 49-50).

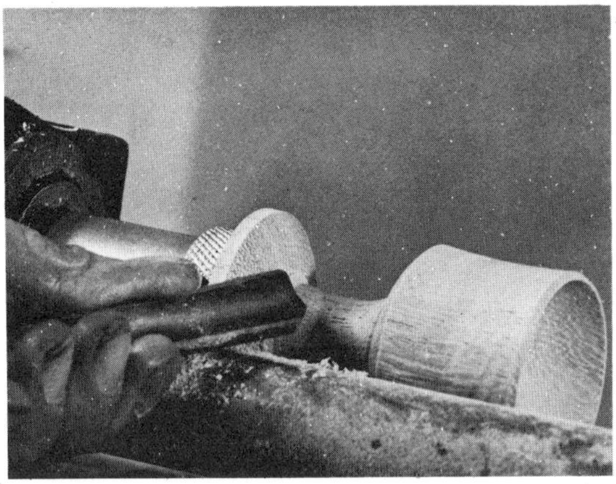

Fig. 45 Una gubia de media caña de 13 mm se usa para dar forma al cuello de la huevera.

Fig. 46 Los pequeños hombros de ambos extremos del cuello se tornean con la punta de un formón oblicuo.

Fig. 44 Con una gubia de media caña de 13 mm se da forma al pie de la copa. El bisel roza la madera.

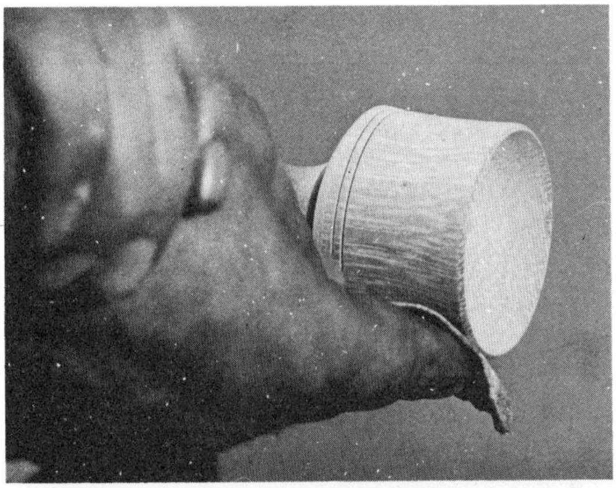

Fig. 47 Lijado de la parte exterior de la huevera. Adviértase que una mano sostiene a la otra, y que el papel de lija se aplica por la parte de abajo.

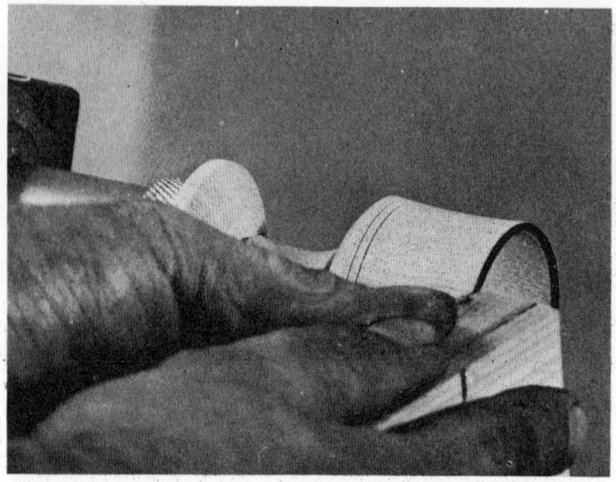

Fig. 48 El borde se chamusca por fricción, con un trozo de madera inservible, mientras la pieza gira en el torno.

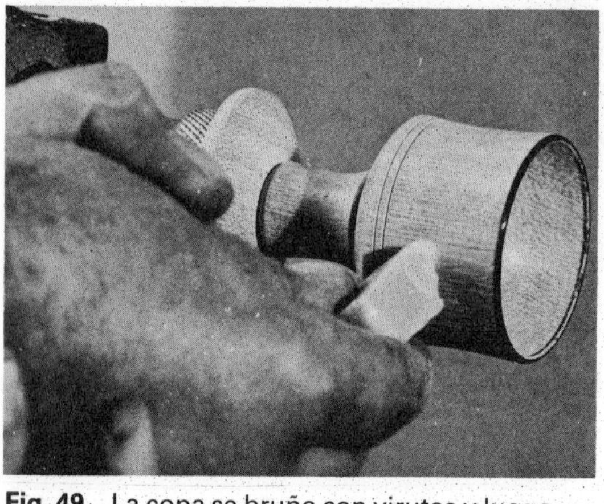

Fig. 49 La copa se bruñe con virutas y luego se le aplica cera carnaúba por fuera.

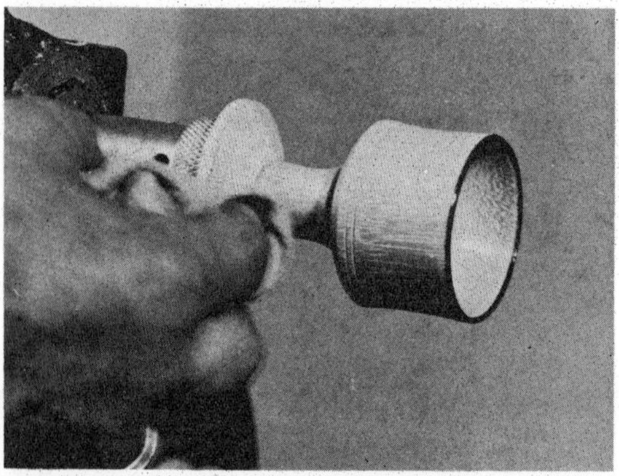

Fig. 50 Un trapo suave, aplicado con la presión correcta, le da el brillo final.

Un juego de hueveras idénticas no es un proyecto difícil. Se precisan instrumentos de medir, tales como compases y calibres, y mucha paciencia. Los juegos, a su vez, obligan a hacer una bandeja, por lo que el proyecto es una bonita combinación de torneado al plato y de ahusado. La bandeja circular se tornea en el plato de tornillo de mayor tamaño, y deberá tener unos bordes perfectamente limpios. El trabajo de ahuecado se hace con gubia de cuencos, escoplo separador y raspador.

Se monta en el plato un disco de madera de diámetro suficiente para contener el juego de hueveras y de un grosor aproximado de 20 mm, y se le practica una ligera concavidad en la cara exterior, con una gubia, que se usa siempre apoyada sobre uno de sus lados. Para hacerlo, el apoyo de herramientas debe estar muy por debajo del centro de la pieza y cerca de ella (Fig. 51). Esta cara será el fondo de la bandeja. Una vez hecha la concavidad, se lija, se marca el centro y se le da la vuelta sobre el plato. Para dar la forma al borde se usa una gubia pequeña, teniendo cuidado de que no queden asperezas en los extremos de las fibras. Esto es muy importante. Si, de todos modos, quedaran asperezas, hay que tratarlas como se indica en el Capítulo 8 con referencia al torneado de cuencos con una gubia pequeña y muy afilada, y practicando cortes muy ligeros (Fig. 52). El ahuecamiento de la bandeja es algo muy sencillo. Para comenzar, se usa un escoplo de dividir, empezando cerca del borde y dejando una pared del espesor necesario (Fig. 53). Puede terminarse el trabajo con la misma herramienta, pero a estas alturas el aprendiz tendrá ya suficiente destreza con la gubia, que permite ir más rápido (Fig. 54).

El acabado de las superficies planas de este tipo se realiza con un raspador afilado y con las esquinas ligeramente redondeadas (Fig. 55) para que no rayen la pieza. Con esta herramienta se le puede hacer un fondo perfectamente plano, cosa sumamente importante, para que las hueveras

Fig. 51

Fig. 52

Fig. 53

Fig. 54

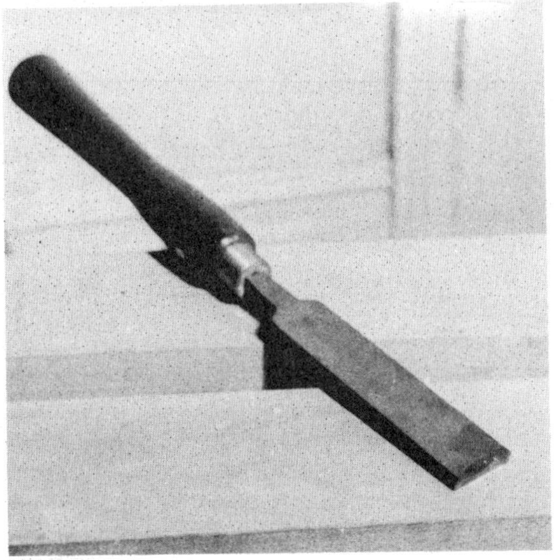

Fig. 55

Fig. 51 Limpieza de un disco de roble, sacado de la tapa de una mesa vieja, para hacer una bandeja destinada a completar el juego de hueveras.

Fig. 52 Con una gubia pequeña se desbasta el borde del disco.

Fig. 53 Comienzo del ahuecamiento de la bandeja, con un escoplo de separar apuntado bien hacia arriba.

Fig. 54 La gubia de cuencos hace un trabajo más rápido y limpio.

Fig. 55 Raspador de punta cuadrada, con las esquinas ligeramente redondeadas, que se usa para dar una superficie perfectamente plana al fondo de la bandeja.

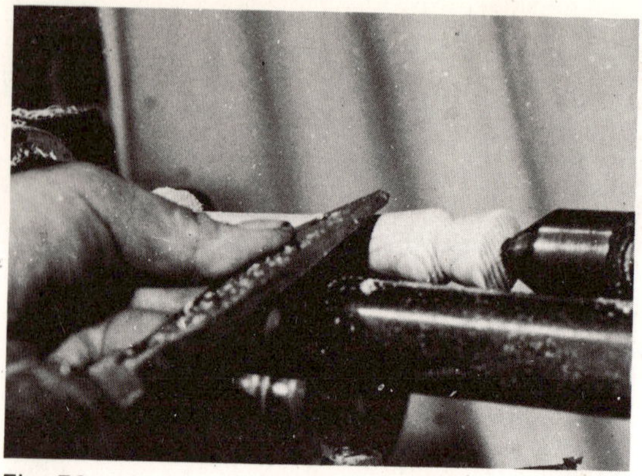
Fig. 56

Fig. 59

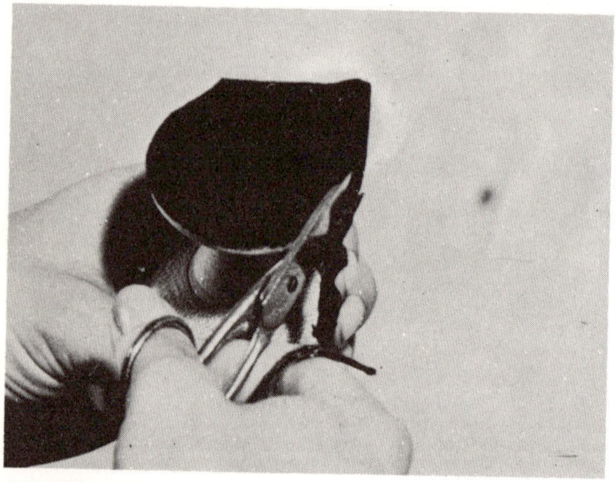
Fig. 57

Fig. 56 Torneado entre centros del agarradero de la bandeja.

Fig. 57 Se aplica fieltro verde autoadhesivo a las bases de las copas, recortando el sobrante con unas tijeras, para darles un acabado esmerado y de mucho efecto.

Fig. 58 La bandeja puede también ser rectangular, practicándole a la madera, con una cuchilla especial, unos rebajes en los que encajarán los pies de las hueveras.

Fig. 59 La cuchilla para interiores que se emplea para hacer los rebajes. Conviene encargarla a un especialista cualificado.

Fig. 58

se apoyen de manera estable y no estén columpiándose. En el centro queda un resto de madera gruesa, alrededor del tornillo del plato, que no se quita, sino que se deja para encajarle la base del pie de la bandeja. Ésta es un sencillo trabajo de ahusado, y su forma depende de la fantasía de cada uno, pero no conviene ponerle demasiados adornos. Se hace a partir de un trozo de madera de sección cuadrada y de unos 20 mm de lado, de longitud algo mayor que la que se quiera dar a la pieza terminada, de modo que en cada extremo quede un trocito de madera sobrante, que uego se recortará (Fig. 56). Una vez terminada la bandeja se le fija el pie, mediante unas gotas de cola y un tornillo que se introduce desde abajo. Hay que tener la precaución de que este agarrador quede perfectamente centrado y vertical para no afear el conjunto del objeto. En la base de la bandeja se puede pegar un trozo de fieltro verde autoadhesivo, como también, si se desea, a las bases de las hueveras. Para ello, se cortan círculos de tela de diámetro un poco mayor del necesario, se pegan y después se recortan los sobrantes (Fig. 57), pues de lo contrario se deformarían.

Otro tipo de bandeja puede hacerse con una tabla rectangular en la cual se practican ahuecamientos individuales para las bases de las hueveras. Estas depresiones deben efectuarse muy limpiamente, para no arruinar el trabajo, y un buen método es el que ilustra la figura 58. Se marca cuidadosamente la madera, estableciendo los centros de las depresiones, y se monta la tabla en la escopleadora del torno, fijando exactamente el tope de profundidad. El corte se practica con la cuchilla de interiores (Fig. 59) hecha de trozos sueltos de acero de herramientas. Esta herramienta se monta en el cabezal de arrastre y se hace girar el torno a su velocidad máxima. La madera se le acerca moviendo la palanca de la escopleadora, como en cualquier otra tarea que se realice con este accesorio. Las depresiones pueden hacerse también en una taladradora, usando un taladro de alta velocidad. Estas cuchillas para interiores funcionan, en general, bien, pero hay que encargárselas a un especialista altamente cualificado, dado que, si no están bien soldadas, pueden romperse y provocar heridas al tornero.

Once

Los trabajos en espiral son interesantes y bonitos, pero no se trata de tornería en el sentido estricto del término. Cabe, sin embargo, hacer una referencia a ellos en el presente libro, toda vez que la madera se prepara en el torno, y el torno es, también, el medio más evidente de sostenerla para marcarla y para hacer el trabajo a mano, que resulta un tanto tedioso. Hay espirales en altorrelieve y en bajorrelieve, de número variable de espiras, impresionantes de aspecto, pero en realidad muy fáciles de hacer, pues todo lo que se requiere son unos conocimientos básicos y paciencia. Los candeleros de madera en espiral quedan muy bonitos, pero el confeccionarlos es cuestión de poner interés y realizar el trabajo con amor. Desde el punto de vista del trabajador casero, no constituyen una propuesta comercial muy atractiva económicamente.

El primer paso consiste en tornear el bloque de madera, de tamaño conveniente, dándole forma de cilindro, y marcar los puntos de principio y fin del espiral. Luego, la sección que va a formar el espiral se divide en partes iguales, que deben tener una longitud aproximadamente igual al diámetro del cilindro. Estas divisiones se marcan con líneas negras gruesas (Fig. 1). A continuación, estos segmentos se subdividen en cuatro partes iguales cada uno (Fig. 2) y se trazan cuatro líneas a lo largo de la sección espiral (Fig. 3), dividiéndola en cuartos en el sentido longitudinal. Esto último puede hacerse midiendo cuatro ángulos rectos, pero si su torno tiene un punto de arrastre de cuatro uñas, es más sencillo trazar las líneas como prolongaciones de las marcas que dejan éstas. Para ello, el apoyo de herramientas puede hacer las veces de regla.

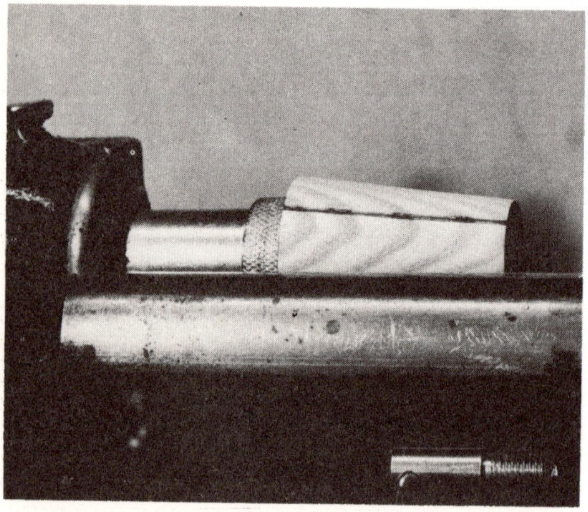

Bobina lijadora cónica, marcada para hacerle un corte de serrucho en el cual se insertan los extremos de la hoja de papel de lija.

Puede verse que lo que aquí nos proponemos hacer es similar a la tarea de aterrajar un tornillo, por lo que la construcción debe tomar en cuenta el problema del paso y el avance. Para los que no estén familiarizados con estas expresiones, aclaremos que el paso es la distancia entre los cen-

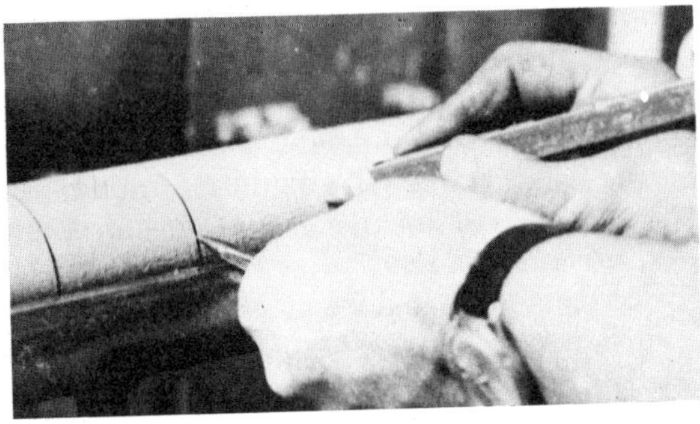

Fig. 1 Para hacer una espiral, se divide el cilindro en partes iguales, cuya longitud es aproximadamente igual al diámetro.

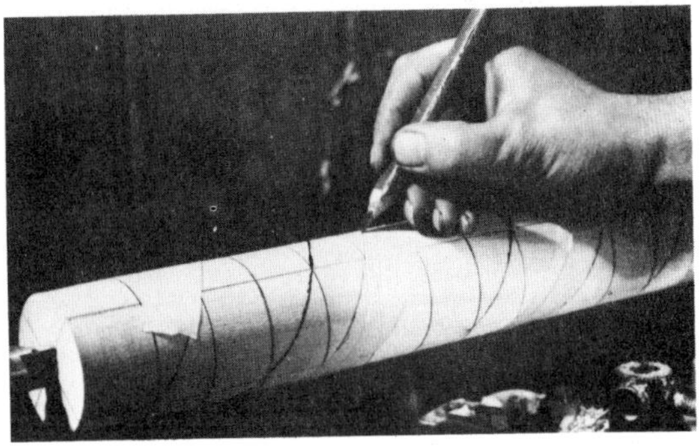

Fig. 4 Se marcan las líneas de las aristas de la espiral, usando como guía una tira de cinta adhesiva.

Fig. 2 Las primeras divisiones se subdividen en cuatro.

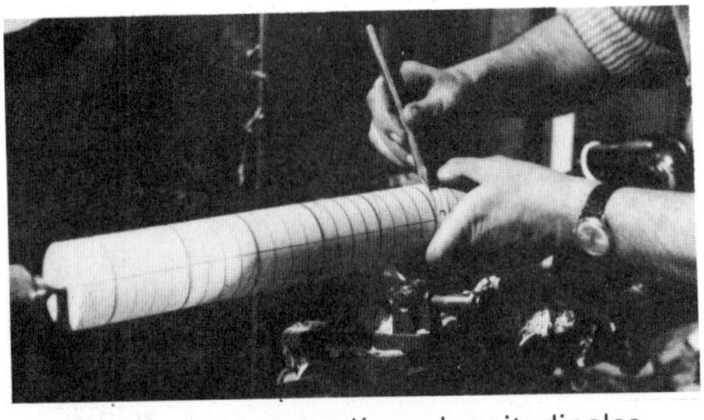

Fig. 3 Se trazan cuatro líneas longitudinales, dividiendo la pieza en cuartos.

tros de dos aristas contiguas, y el avance es la distancia que recorre nuestra «rosca» en una revolución completa. Dado que, por el momento, haremos una sola espiral, ambos valores resultan ser el mismo; pero en una espiral doble, el avance es también el doble del paso, y en la triple es tres veces el paso. Para marcar la espiral se trazan las diagonales de cada subdivisión, empezando por el extremo izquierdo del trabajo. Si esto ofrece dificultades, se puede poner, como guía, un poco de cinta adhesiva alrededor de la madera (Fig. 4). Esta línea es la que establece la posición de la arista, de manera que conviene marcar una segunda, preferiblemente de otro color para evitar confusiones, que determine el centro de la oquedad. Se hace entonces un corte con el serrucho de mano a lo largo de esta última línea, de la profundidad requerida, fijando a ambos lados de la hoja sendos trozos de madera que sirvan de topes de profundidad. Lo que sigue, lamento decirlo, es cuestión de un paulatino y paciente trabajo manual. La oquedad puede empezarse con una gubia de tallar y un mazo (Figs. 5-6) y el acabado con limas, escofinas y herramientas por el estilo. Si el tallado, el pulido y el lijado se han hecho correctamente, el efecto final (Fig. 7) será muy atractivo.

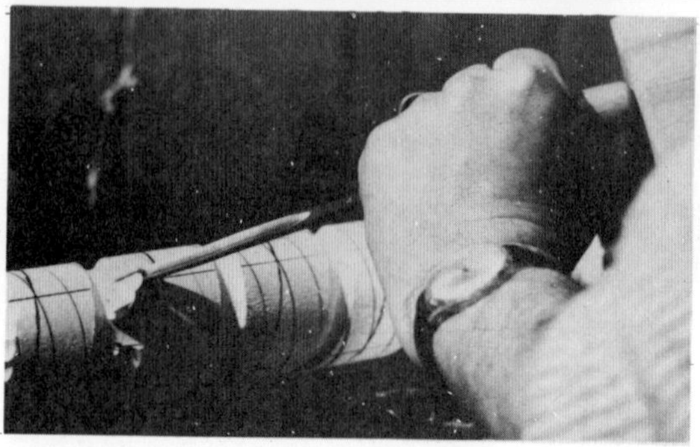

Fig. 5 El desbastado de la espiral se empieza con gubia y mazo.

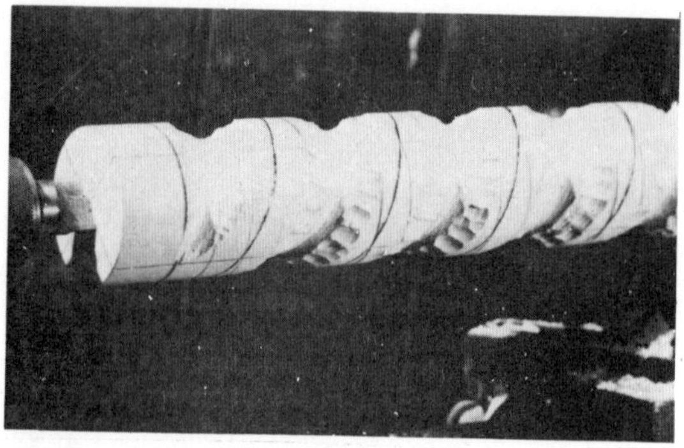

Fig. 6 La talla en bruto de la espiral está casi terminada, pero aún queda mucho por hacer.

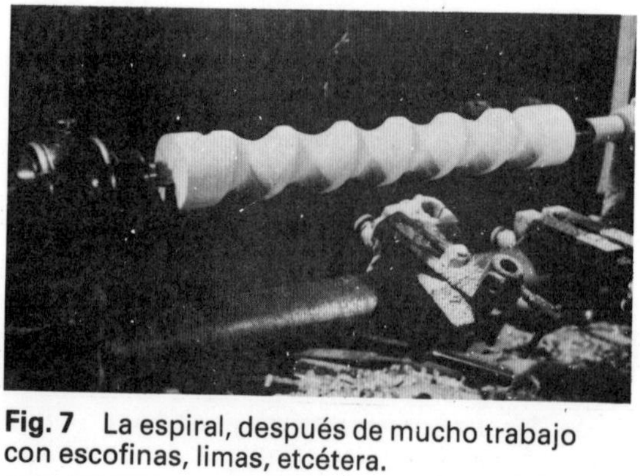

Fig. 7 La espiral, después de mucho trabajo con escofinas, limas, etcétera.

Para la espiral doble, el marcado preliminar es igual que el anterior, pero en este caso las divisiones que marcan el paso se subdividen en dos partes, en lugar de cuatro. Las líneas de las aristas se marcan como en la espiral simple, pero en este caso se inician opuestas la una a la otra. También se trazan las líneas indicativas de la parte media de las oquedades, y ya queda la pieza en bruto lista para trabajarla con herramientas de tallado.

Las espirales huecas son aún más llamativas, y se hacen de dos o más espiras. La tarea de marcar una espiral doble hueca es igual que en el caso de la espiral doble maciza, pero ahora no se hace uso del serrucho. Una vez marcado, el bloque de madera se coloca en otro bloque en el que se ha hecho una incisión en forma de «uve» (Fig. 8), en la taladradora (Fig. 9) (o en el accesorio de escoplear, Fig. 10), centrado frente a un taladro con broca del calibre adecuado, y la primera parte del ahuecado se completa perforando, a lo largo de las líneas de colores, de forma que los agujeros se crucen (Fig. 11). El trabajo queda mejor si las perforaciones no se hacen directamente en un solo sentido, sino por mitades de cada lado, para evitar que la madera se astille en el punto de salida de la broca.

Se pueden hacer espirales cónicas, dando a la pieza en bruto esa forma ligeramente cónica, y teniendo en cuenta la norma de que el paso es igual al diámetro. En otras palabras, a medida que el diámetro disminuye, las divisiones se van acortando (Fig. 15). Los primeros intentos de trabajos de esta índole debieran hacerse con un material que no se parta con facilidad, pero que sea lo bastante blando para el trabajo de talla. Un buen comienzo puede ser la madera de haya, o también la de cerezo o de sicómoro. Si se propone hacer candeleros de esta manera, verá que le resulta más fácil hacer una parte central espiralada como una unidad, luego tornear sendas espigas en ambos extremos, y hacer por separado la base y la parte superior.

Fig. 8

Fig. 11

Fig. 9

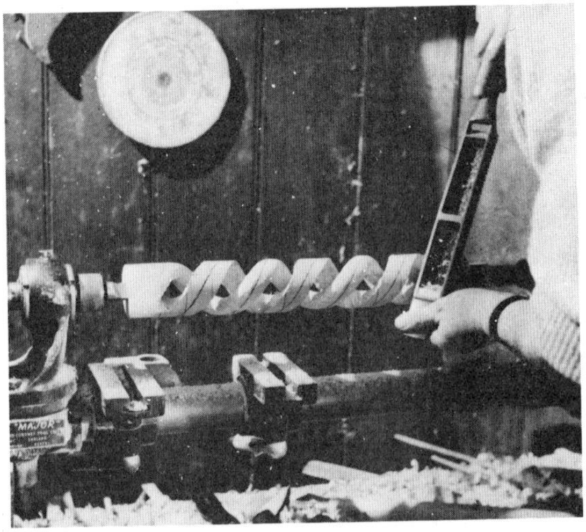

Fig. 12

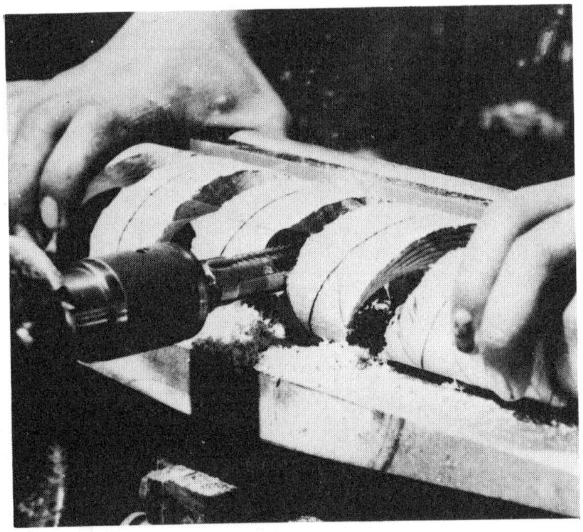

Fig. 10

Fig. 8 Corte de una incisión en «uve» en un bloque de madera, que servirá de sostén para horadar una pieza cilíndrica y confeccionar una espiral hueca. La herramienta que aquí se usa es una sierra de brazo radial marca De Walt.

Fig. 9 Perforación de la pieza con un taladro de columna. La pieza está sostenida en un bloque de madera con corte en «uve».

Fig. 10 Si dispone usted de una máquina universal, puede recurrir a la fresadora de ranuras, arrimándole la madera con ayuda del tope de la bancada combinada.

Fig. 11 La espiral empieza a cobrar forma. Este trabajo no puede hacerse con prisas.

Fig. 12 Para dar forma se usa una herramienta manual (en este caso, una lima bastarda de tipo «surform»).

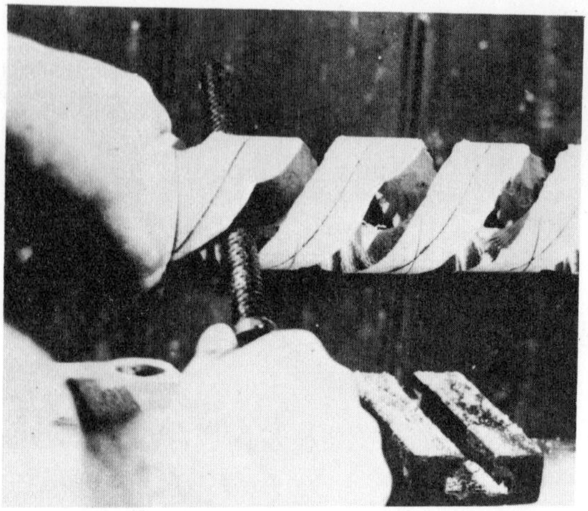

Fig. 13 Escofina cilíndrica, para modelar la forma por dentro.

Fig. 14 Una tira de papel de lija para el acabado.

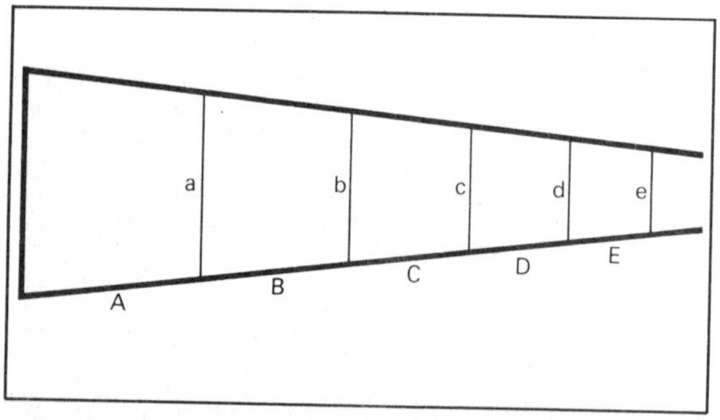

Fig. 15 Para marcar una espiral cónica, la longitud de las secciones se va acortando a medida que disminuye el diámetro. En este esquema, A = a, B = b, C = c, y así sucesivamente.

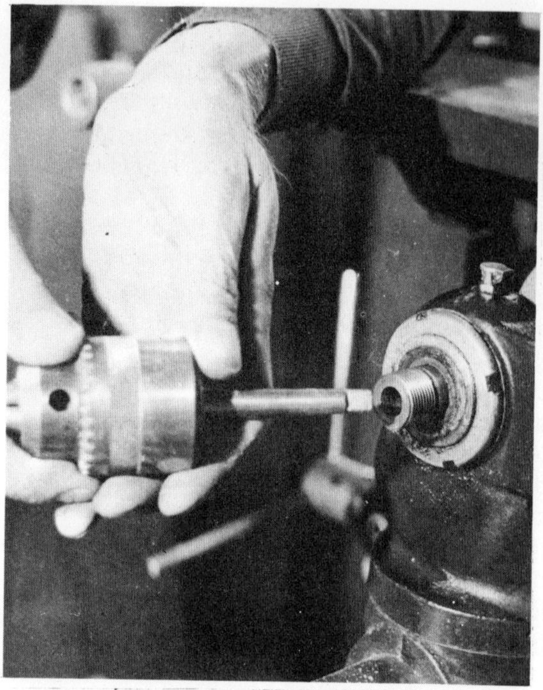

Fig. 16 Montaje de un mandril de tres mordazas con acoplamientos cónicos.

Para los tornos del tipo del Coronet como el que yo tengo, se puede conseguir una gran variedad de accesorios, tales como sierras circulares, cepilladoras, cepillos regruesadores, escopleadoras, etc., que no tienen verdaderamente aplicación directa en estos trabajos, pero que resultan muy útiles. La sierra de cinta, como hemos visto, es de una ayuda inestimable en el taller del tornero, para preparar discos destinados a cualquier forma de torneado al plato. También pueden ser útiles otros accesorios, como las lijadoras circulares y de cinta, o el mandril de tres mordazas y acoplamiento cónico (Fig. 16). Pero para el principiante, lo más sensato, para comenzar, es adquirir un buen torno y un juego de herramientas de razonable calidad. Una vez que se ha hecho algún progreso, cada uno verá en qué dirección le interesa seguir, con lo cual no dilapidará su dinero haciendo adquisiciones innecesarias para su equipo. Casi todos los torneros profesionales poseen gran cantidad de herramientas, que han ido comprando a lo largo de los años, pero son relativamente pocas las que usan en el trabajo de cada día. Hay utensilios y dispositivos que puede confeccionarse uno mismo para una serie de operaciones de tornería, pero hay que tratar de no convertirse en esclavo de tales objetos, pues de lo contrario nunca se llega a dominar adecuadamente el oficio.

De las llamadas lijadoras de bobina pueden hacerse diversas formas, que resultan útiles. Lo son, por ejemplo, para el lijado de radios fijos, como en el caso de la fijación de las patas a la base, en las mesas trípodes. A estas bobinas se les pega papel de lija, pero es mejor hacerles un corte longitudinal con el serrucho, introducir en él los extremos de la hoja de lija y ponerle una cuña de algún resto de madera blanda. Así se facilita la sustitución del papel usado. También se puede comprar el abrasivo en granos y encolarlo a la bobina, si tiene un contorno cóncavo o sin pulir.

Dentro del repertorio habitual de la tornería se cuentan los posavasos circulares de madera contrachapada, a los que se aplican calcomanías y se barnizan. Está claro que no deben tener un agujero en el centro, por lo cual se monta un disco de madera blanca en el plato del torno y se le pega el contrachapado con un poquito de cola, con un trozo de papel separando ambas piezas para facilitar la tarea de despegarlas después. Para que el montaje sea más seguro, se puede recurrir a la contrapunta (Fig. 17), separándolo del contrachapado con un trocito de madera inservible. Algunos torneros ni siquiera recurren a la cola, pero sí le pegan a la madera blanca un trozo de papel de lija, para que «se agarre» mejor a la contrachapada, y ejercen una presión fuerte con la contrapunta. El torneado puede hacerse con gubia o con raspador, pero la madera contrachapada desafila rápidamente cualquiera de los dos. Asimismo se hacen las ruede-

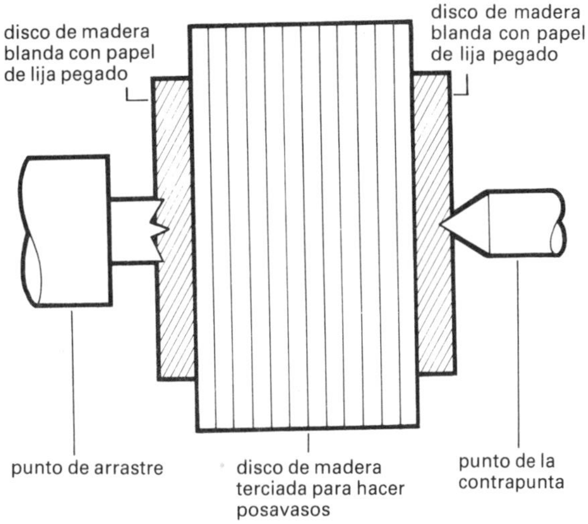

Fig. 17 Esquema de la disposición para tornear posavasos.

Fig. 18 Torneado de un bloquecito cilíndrico para botones.

Fig. 19 Modelado de la cara del botón en el extremo del bloque.

Fig. 21 Una vez lijada la cara, se separa el botón del bloque.

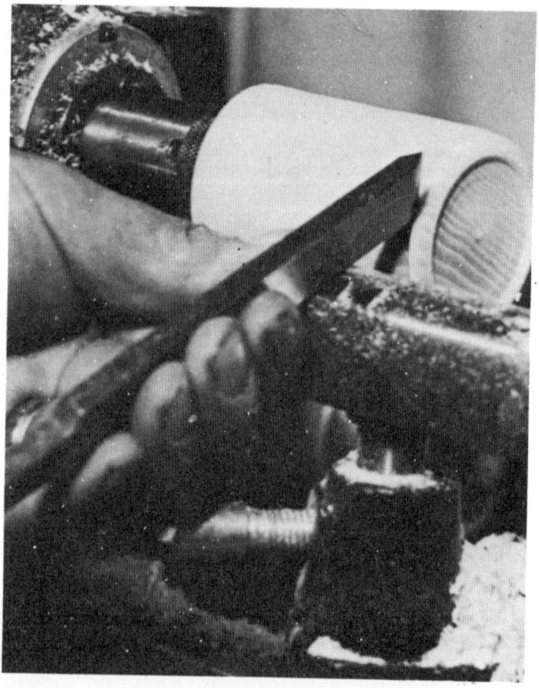

Fig. 20 Corte con la punta del formón, para empezar a modelar la parte trasera del botón.

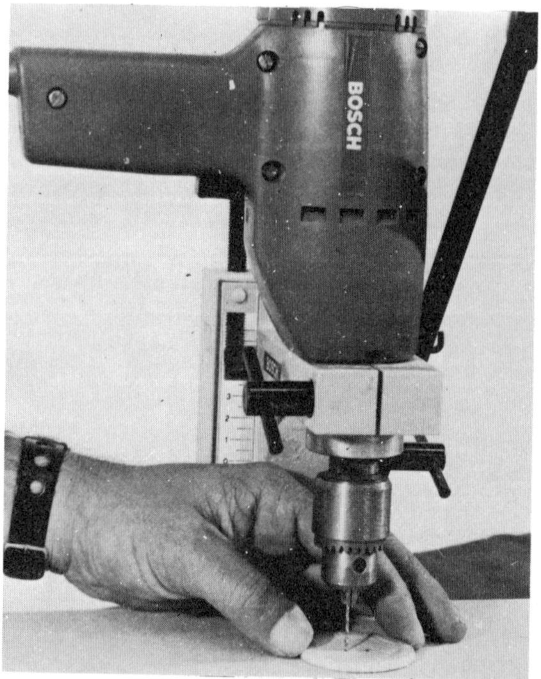

Fig. 22 Perforación de los orificios para el hilo. Si los botones son para un abrigo, dos agujeros bastan.

itas de juguete, pero hay que ser cuida-
oso con las mediciones.

os botones de madera para abrigos de eñora han sido siempre caros, aunque le an al tornero oportunidad de desplegar u habilidad sin grandes dificultades. Se ornea un bloquecito de madera de aproxi-nadamente el diámetro necesario para os botones con el plato de tornillo para madera. El botón se tornea en el extremo opuesto del bloque, se modela, se lija, se pule y finalmente se separa del bloque, para terminarlo a mano; o también se puede hacer un pequeño plato hueco, como el que se usó para el torneado del aro de madera, haciendo en él el acabado de los botones (Figs. 18 a 22). Los orificios para el hilo se marcan cuidadosamente y se perforan a mano.

Doce

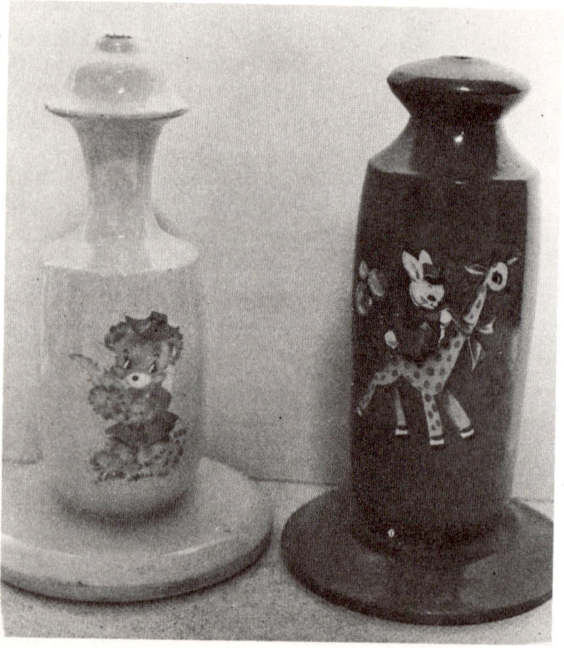

Fig. 1 Lámparas de mesa para la habitación de los niños. Están torneadas en madera de pino y esmaltadas. Las calcomanías se aplican una vez seco el esmalte.

Este capítulo será como un cajón de sa
tre, porque se referirá a los temas básico
para confeccionar lámparas y mangos d
herramientas; a cómo manejar objeto
largos que sólo puedan estar sostenido
por el cabezal de arrastre del torno, par
horadarlos o ahuecarlos, y a la confecció
de un molinillo de pimienta. También dar
detalles acerca de un par de platos má
que pueden hacerse en el taller y que so
muy útiles.

Las lámparas de mesa, de mesilla de no
che y similares, pueden hacerse de un
sola pieza (Fig. 1) o de dos (Fig. 2). El pri
mero de los métodos hace desperdicia
mucha madera, pero ahorra tiempo,
consiste en una sencilla operación de ahu
sado en el torno. En el segundo, hay qu
realizar dos operaciones distintas de tor
neado, una de ahusado para el pie de l
lámpara, y otra al plato, para la base. Am
bas piezas se unen después de tornearla
(Fig. 3).

La unión se efectúa torneando una espig
en el extremo inferior del pie, y un agujer
de diámetro correspondiente en la base
Este agujero tiene que ser apenas má
profundo que el largo de la espiga, per
no mucho, y en el espacio sobrante se po-
ne cola para reforzar la unión pudiend
también añadirse dos tornillos por debajo
si se desea. Si esta base tiene espesor sufi-
ciente, se le puede hacer una perforación
radial para pasar el cable; pero, si su for-
ma no lo permite, se le abre un surco en la
parte inferior (Fig. 4). El cable se pega con
pegamento de resina epoxídica y, como
remate, se cubre la base con fieltro verde.

Para la confección de artefactos lumínicos colgantes son aplicables las técnicas ya expuestas, especialmente la del torneado de esferas. Las lámparas de pie siguen gozando del favor del público, y si se da usted un paseo por los grandes almacenes comprobará que vale la pena confeccionarlas, dado que sus precios son muy altos. La mejor manera de hacer los pies es en dos partes, unidas entre sí por una es-

Fig. 2 Lámpara de madera de roble, hecha en dos partes. El pie remata en una espiga que encaja en el agujero de la base.

Fig. 4 A algunas lámparas hay que abrirles un surco en la base, para pasar el cable, que se adhiere a ellas con un pegamento y luego se cubre el todo con fieltro.

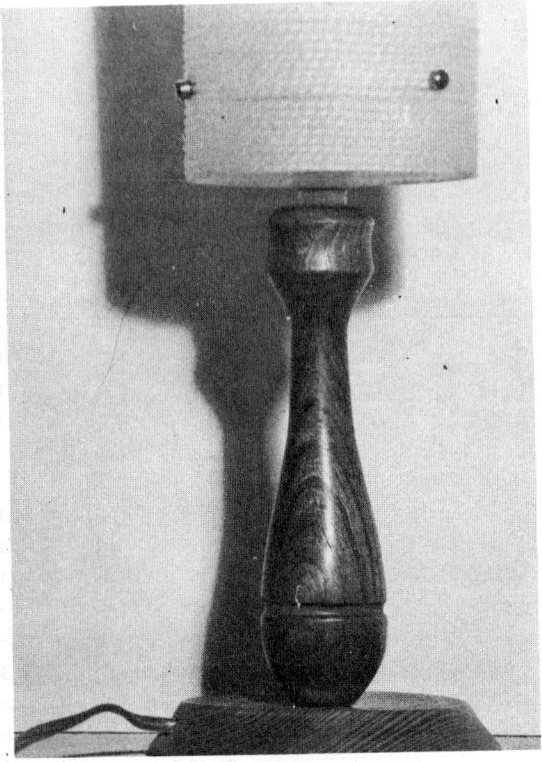

Fig. 3 Lámpara de mesa en dos partes, terminada.

piga y su correspondiente orificio, y tratando de que las vetas de la madera coincidan lo mejor posible. La unión se puede disfrazar con una moldura colocada estratégicamente (Fig. 5). Las bases para estos objetos son bastante grandes y pesadas, y se tornean al plato, así que hay que hacerlo con velocidad reducida. Llevan tres o cuatro patitas, que pueden tornearse en el plato de tornillo; pero también quedan bien las patitas zambas, como en un taburete.

Los artefactos lumínicos de pared no sólo son útiles, sino también fáciles de vender si están bien hechos, y requieren mucho trabajo de tornería. La mejor manera de hacer los surcos para pasar los cables es montando una fresadora en el torno y recurriendo a la bancada auxiliar (Fig. 6).

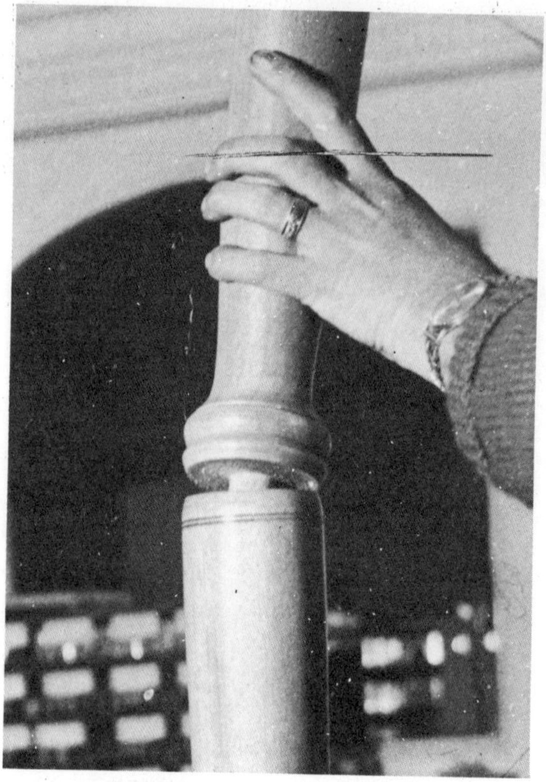

Fig. 5 En el sitio en que se unen las dos secciones de una lámpara de pie, conviene tornear alguna moldura decorativa para disimular la unión.

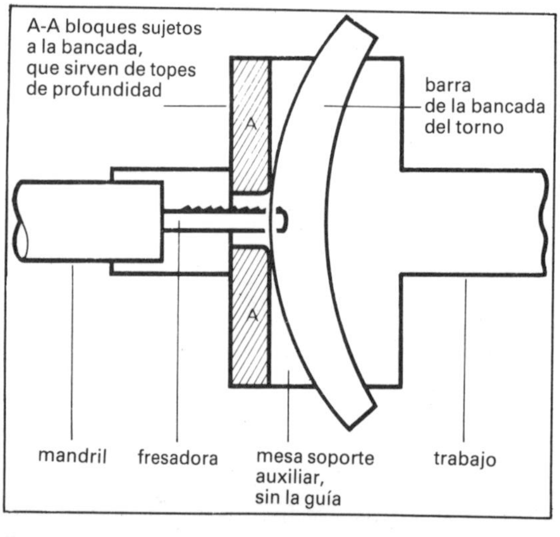

Fig. 6 En los brazos de los apliques lumínicos de pared se hacen surcos para pasar el cable. Pero también el surco puede pasar por la superficie superior.

Fig. 7 Torneado del extremo de un mango de herramienta para colocarle una virola de cobre o latón.

La confección de mangos de herramienta es una de las tareas tradicionales del tornero, pues, lógicamente, no puede esperarse que esté dispuesto a comprarlos hechos. Si se propone usted hacer los de sus herramientas, procure que tengan longitud suficiente. El torneado no presenta problemas: se toma una varilla de madera de sección cuadrada de 40 mm por 30 a 35 cm de longitud, se monta en el torno, y se la reduce a un cilindro, pudiendo hacer todo el trabajo de conformado, si así lo prefiere, sólo con la gubia de desbastar. El acabado se da con el formón oblicuo y una pasada final con papel de lija o de granate finos. Si se utiliza un punto fijo, se le puede pasar desde el principio la virola de bronce o latón, para ir midiendo el espesor de la madera que encajará en ella a medida que se tornea el mango con el escoplo separador (Figs. 7-8). Una vez encajada la virola, se pule con lija y se le alisa el borde con una lima para metales.

Pero, vamos a ver, ¿cómo se las compone para ahuecar objetos verdaderamente altos, digamos, de 30 cm o más? El primer paso, como se hace para cualquier jarrón,

practicar en la pieza en bruto una perfo-
ción de la profundidad necesaria. Luego
monta la pieza entre puntos y se le da
rma cilíndrica (Fig. 9), tras lo cual se tor-
ea un plato hueco de madera, montándo-
en él la pieza ya cilíndrica, a presión.

ntes de proseguir, tendremos que con-
ccionarnos un soporte de madera (Fig.
0) que pueda ajustarse al diámetro del
lindro en el que trabajamos. Se monta al
arro portaherramientas, ayudándose con
contrapunta del torno para situarlo cen-
ado y ajustarlo. En los bordes de las ta-
las que sostendrán el cilindro se pone un
oco de cera, para no quemar la madera.
na vez colocado y ajustado este soporte,
e quita la contrapunta del torno y se prac-
ca el ahuecamiento de la misma manera
ue con los jarrones más cortos. Conclui-
o el ahuecamiento, se vuelve a poner el
rabajo entre puntos para tornearlo por
uera, sólo que ahora habrá que ponerle
n tapón en la boca.

Hay un par de platos más, de fabricación
asera, que vale la pena conocer. Uno de
llos es un plato hueco de madera, con un
pasador, en el que se aplica el mismo prin-
cipio que en la chaveta que sujeta el pedal
de una bicicleta (Fig. 11). El otro es tam-
bién un plato hueco de madera, con hendi-
duras, como se ve en el esquema de la
figura 12, cónico por fuera, y ajustable a la
medida del trabajo de que se trate me-
diante un aro metálico.

Antes de cerrar el capítulo, unas palabras acerca de las guarniciones para lámparas. Algunas de entre las destinadas a recibir el portalámparas, suelen tener un borde saliente, con agujeritos para tornillos. Se les pueden oponer dos objeciones; la principal, que no resultan fuertes, porque los tornillos no «muerden» bien cuando están paralelos a la veta de la madera, y si la lámpara se da un golpe es fácil arrancarlos. La otra es que, para hacer un buen trabajo, el reborde debería ser un rebaje en el extremo de la lámpara, tarea que se me antoja excesiva.

Fig. 8 Colocación de la virola.

Fig. 9 Preparación de un desbaste para confeccionar un jarrón de madera alto.

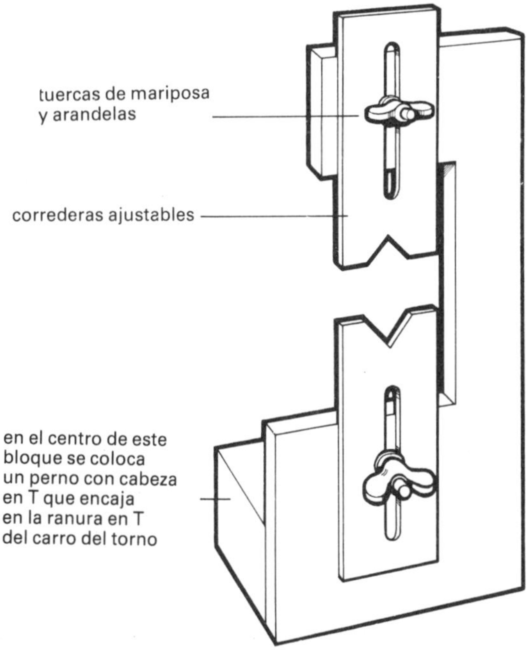

Fig. 10 Soporte de fabricación casera. Se ajusta al trabajo entre puntos y luego se retira la contrapunta.

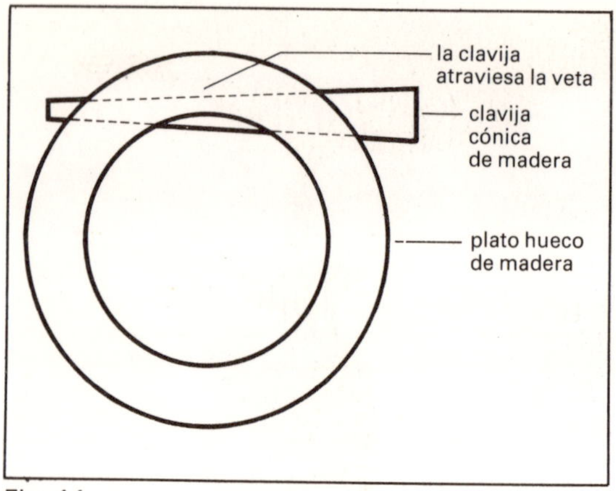

Fig. 11

Fig. 11 Plato anular, en el cual se monta el trabajo, que llevará una parte plana en la cual ajusta la clavija.

Fig. 12 Plato hueco de madera con hendiduras.

Fig. 13 Tres tipos de guarniciones de lámparas, para recibir el portalámparas. El mejor es el del centro.

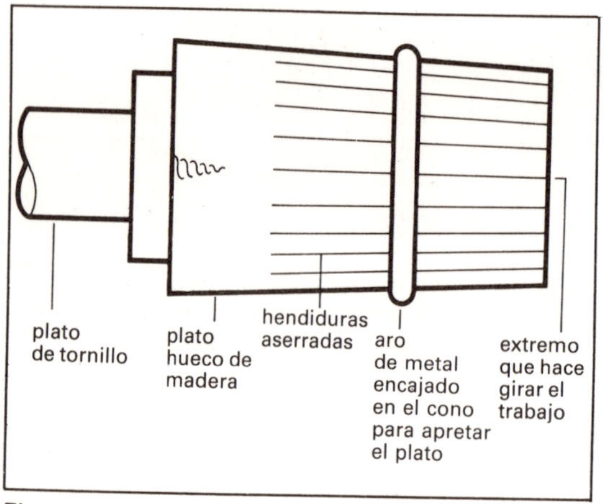

Fig. 12

Fig. 13

El tipo que yo prefiero se muestra en e centro de la figura 13, que por una part tiene una rosca Whitworth de ⅜ de pulga da (9,5 mm) que se atornilla al pie de l lámpara, y por la otra una rosca más fina para el portabombillas. Existen mucha maneras de colocar estas guarniciones en la lámpara, como atornillarlas directamen te usando la espiga de una lima, o confec cionar una herramienta especial; pero, da do que la perforación que le hemos hecho es de 8 mm, lo mejor es roscar un macho de 9,5 mm en la misma perforación (Fig 14). Hay que tener cuidado al hacer este trabajo, porque, como se ve en la misma figura, es fácil que la herramienta se incli- ne, que el hueco no quede vertical y que, a última hora, la bombilla no quede erguida con lo que puede arruinarse una buena lámpara. En cuanto al paso del cable, no debiera haber dificultades si la perforación está limpia. A mí me resulta mejor pasarlo primero por la base y luego empujarlo por el pie con una varilla muy fina, como por ejemplo una aguja de tejer con la punta cortada.

Y ahora que ya hemos pasado tantas ho- ras en el taller y le hemos cubierto de viru- tas el suelo, ¿qué tal si nos ganamos unos laureles hogareños haciendo algo para el ama de casa? ¿Y por qué no un molinillo de pimienta? Es un objeto útil y bonito, no

ɜcesita mucha madera y es decididamen-
· fácil de hacer, aunque la explicación pa-
·zca algo complicada. El mecanismo de
ıoler viene en varios tamaños, pero el
ue yo tengo es de 140 mm de longitud,
ara el cual se precisa un bloque de made-
ı de sección cuadrada, de 57 mm de lado
or 180 mm de largo, aproximadamente.
o he empleado madera de roble, pero es-
› depende del gusto de cada uno.

ıran parte del trabajo se hace con el plato
e tornillo para madera, y hay que cuidar
ue éste se mantenga siempre muy fuer-
ɜ; si se afloja, hay que volver a apretarlo
on el destornillador de dos dientes que
uele venderse junto con él. Se monta la
ieza en bruto entre puntos con la mayor
recisión posible y se le da forma de cilin-
ro con la gubia de desbastar (Fig. 15). La
arte inferior del molinillo será la que que-
la junto a la contrapunta, así que convie-
ıe hacerla ligeramente cóncava, con el es-
oplo separador o con la punta del formón
blicuo (Fig. 16): ¡cortar, no raspar! El otro
xtremo habrá sido cortado perfectamen-
e a escuadra, pero, en caso contrario, se
uede corregir ahora.

Se miden 100 mm desde el extremo mon-
ado en la contrapunta y se hace una mar-
a (Fig. 17). Es la medida exacta del cuerpo
lel molinillo, así que se parte la pieza un
oco a la izquierda de esa marca, aflojan-
do ligeramente la presión del cabezal, pa-
a que la madera no se hunda y atrape la
ıerramienta. Con una broca de 25 mm se
ıace un orificio de 16 mm de profundidad
en el fondo del cuerpo del molinillo, tarea
que puede realizarse en el torno o en una
prensa de taladrar (Fig. 18). En este orificio
irá la hembra del mecanismo de moler
(Fig. 19), que es la pieza tubular con mues-
cas en el borde inferior. Se cambia la bro-
ca por otra de 19 mm y se prolonga la
perforación otros 13 mm, quedando así un
escalón para colocar la parte tubular. Lue-
go se perfora desde el otro lado con una
broca 32 mm, hasta encontrar los otros ta-
ladros. Hecho esto, se ponen sendos tapo-
nes cónicos en ambas bocas, se vuelve a

Fig. 14 Macho roscador Whitworth de ⅜ pulgada (9,5 mm), para abrir el orificio que recibirá la guarnición de la lámpara.

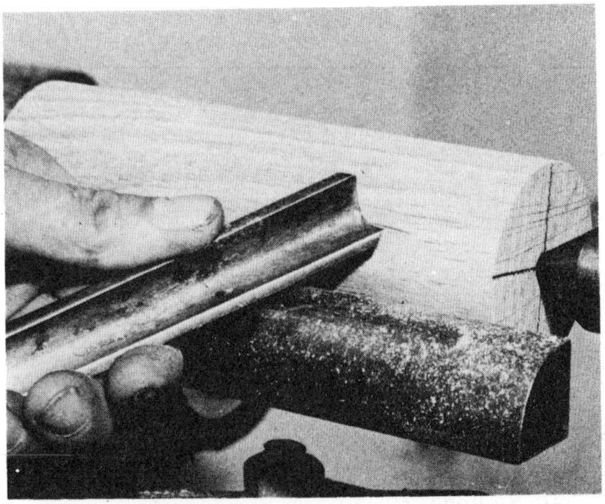

Fig. 15 Ahusamiento de la madera para hacer un molinillo de pimienta. Nótese cómo se sostiene la gubia de desbastar.

Fig. 16

Fig. 19

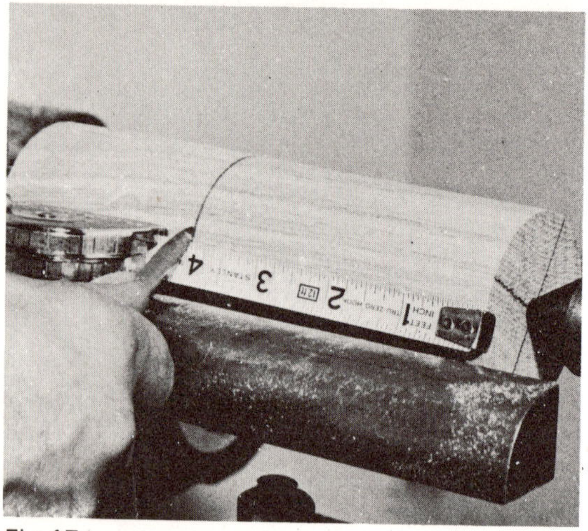

Fig. 17

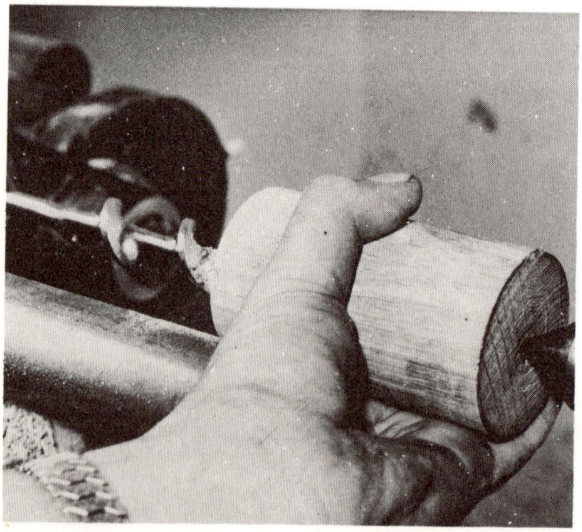

Fig. 18

Fig. 16 La base del objeto se hace ligeramente cóncava, con la punta del formón oblicuo.

Fig. 17 A unos 100 mm de la base se traza una marca y se parte la pieza, separando la tapa del cuerpo del pimentero.

Fig. 18 Con una broca de 25 mm se hace en el fondo del cuerpo una perforación de 16 mm de profundidad.

Fig. 19 El mecanismo de moler, en detalle.

Fig. 20 Rebaje en el cuerpo del molinillo para encajar la tapa.

Fig. 21 Dos molinillos de pimienta terminados.

Fig. 22 El disco de metal montado al interior de la tapa. Nótese el orificio cuadrado, que hace girar el eje al dar vueltas a la tapa.

Fig. 23 En la base se coloca diametralmente una tirita de metal.

Fig. 20

Fig. 21

Fig. 22

Fig. 23

montar la pieza entre puntas y se iguala la superficie con una gubia afilada. También se hace el rebaje para recibir la tapa (Fig. 10) con el escoplo de partir.

Se monta luego el otro trozo de la pieza de madera en el plato de tornillo, se hace la cara ligeramente cóncava y se le practica un ahuecamiento que encaje en el rebaje del cuerpo del molinillo. Seguidamente se le pasa por el centro una broca de 3 mm, casi hasta tocar la punta del tornillo central del plato. Si la tapa y el cuerpo encajan perfectamente, se monta el objeto completo entre puntas para darle forma y pulirlo, teniendo presente que no se pueden hacer cortes muy profundos en el punto en que ambas secciones se unen. La longitud de la tapa terminada deberá ser tal que, al colocar el vástago central del aparato de moler, sobresalga de ella la parte roscada a la que se atornilla luego la tuerca moleteada que hace de retén (Fig. 21). Una vez retirada la tapa del torno, se termina de perforar el agujero de ⅛ de pulgada (3,2 mm) y se le aplica en la cara interior el circulito de metal (Fig. 22), asegurándolo con un pegamento muy fuerte o con clavitos. Luego se monta en el fondo del cuerpo la tirilla de metal, en sendos rebajes para que el molinillo tenga estabilidad (Fig. 23) y se carga el molinillo con pimienta en grano.

Trece

Fig. 1 Dos lámparas torneadas de madera de pino. Se pueden barnizar o pulverizar con poliuretano.

El problema de cómo lograr un acabado verdaderamente profesional es una gran preocupación para el tornero aficionado, sobre todo en los primeros tiempos. Recibo muchas cartas referidas a este asunto, y no puedo dejar de pensar que no surgirían tantas dificultades si la gente no tuviera tanta prisa, porque la esencia de la cuestión es que es inútil emprender cualquier tarea de acabado antes de que la superficie esté lista. Es preciso entender que los profesionales no producen unos acabados excelentes por arte de magia ni por ningún conocimiento secreto. Los métodos que aplican son en verdad muy elementales, aunque algunos de ellos hagan extrañas mezclas de ceras y cosas por el estilo, en las que ponen toda su confianza. Si todo lo que usted se propone es entretenerse un poco, confeccionar algo moderadamente pasable, entonces puede enfrentarse alegremente con el trabajo, gastar todo el papel de lija que le venga en gana y rematar la obra aplicando algún barniz o lustre. Pero si aspira a un acabado lo más perfecto posible, tendrá que hacer dos cosas.

En primer lugar, encarar el trabajo lentamente, y sobre todo hacia el final, y una vez concluido el modelado, parar el torno y examinar cuidadosamente la superficie, con mucho sentido crítico. Todos los cortes finales deben ser ligeros y darse con herramientas recién afiladas.

En segundo lugar, una vez que quede satisfecho al comprobar que el trabajo es intachable y su superficie tan tersa como puedan dejarla las herramientas, puede empezar a usar los abrasivos. Hay que mover constantemente la lija de un lado al otro, para que no deje arañazos en la madera, que luego resultarán muy perceptibles. El papel de lija en todas sus variantes, sea cual fuere la que use, no supone, para el tornero, la ayuda que muchos creen. En realidad, si no se usa correctamente, puede hasta resultar una amenaza. Creer que el papel abrasivo es un medio de corregir un torneado defectuoso es una idea completamente equivocada. Todos los fallos evidentes del trabajo deben remediarse con herramientas afiladas antes de usar el papel de lija. Aparte de cualquier otra consideración, las espesas nubes de serrín y polvo que crean los abrasivos son sumamente nocivas. Otra cosa que no suele apreciarse es que hay que terminar todos los cortes antes de lijar, porque este material deja vestigios de abrasivos en la madera, y si se le vuelven a aplicar las herramientas, se desafilan con rapidez.

Los distintos tipos de madera tienen características también distintas, cosa que uno aprende con el paso de los años, de suerte que los métodos de acabado que se apliquen variarán según el caso, y éste es, en mi opinión, uno de los motivos por los cuales la tornería es una artesanía tan fascinante. La mejor madera para tornear es la que más satisface a quien la use, así que pruébelas todas, y decida por sí mismo cuál es la que más le conviene. Un amigo mío hace la mayoría de sus trabajos con roble, que a mí no me gusta. Está claro que él ha adaptado sus métodos a esa madera a lo largo de los años, y los resultados que consigue son de primera. Otros pueden preferir maderas más blandas, o las importadas, de deslumbrantes colores y fragancias exóticas, o incluso el tan menospreciado pino, que a mí me encanta tornear (Fig. 1).

Algunas maderas se pueden cortar profundamente y con fuerza, pero a otras hay que tratarlas con más respeto para no desgarrarles las fibras, y a todas hay que trabajarlas muy cuidadosamente antes de pensar en cualquier tipo de acabado. Advierto que estoy repitiendo cosas ya dichas, pero son importantes, esenciales para lograr un buen acabado.

Nadie que esté seriamente interesado en aprender el oficio tiene derecho a achacar a la madera la culpa de que las cosas no salgan bien. Debe tener siempre presente que alguien, en alguna parte, puede hacer un buen trabajo con ella, y que en el tiempo transcurrido entre el momento en que montó la pieza en el torno y el momento en que lo frenó para inspeccionar la superficie, o hizo mal el trabajo o no pudo hacerlo correctamente. Dos extremos no necesariamente idénticos.

Los problemas inherentes al torneado entre puntos no son tan graves como los del torneado al aire, y yo sigo recordando perfectamente las frustraciones que padecí cuando empezaba en el oficio, tratando de eliminar las asperezas en los extremos de las vetas, especialmente de los cuencos. Desaparecían de un sitio para reaparecer en otro, o bien lograba quitarlas casi por completo, para que retornaran en toda su gloria después de dar cuidadosamente lo que creía ser el último corte.

A veces, la parte externa responde bien al tratamiento, pero nada puede inducir a la interna a comportarse de la misma manera, ni viceversa. No voy a enumerar todas las pruebas que hice, porque en su mayoría no dieron resultado, pero puedo garantizar al aprendiz que todas esas dificultades se superan si se es persistente. Las dos mejores respuestas están en raspar contra las vetas con un corte afilado y en dar pasadas ligeras con la gubia puesta completamente de lado. Pero la gubia tiene que cortar.

En el trabajo de ahusado es indudable que el mayor problema es la aparición de nervios en la superficie. A veces es imposible librarse de ellos y hay que conformarse con hacer lo mejor que se pueda un mal trabajo. Otra gran molestia para el tornero, que ha ensayado largamente para aprender a dar cortes de pulido con el formón oblicuo, es descubrir que la herramienta arranca las fibras y deja la superficie áspera, por muy afilada que esté. En estos casos, a veces hay que recurrir a la gubia, porque su modo de cortar es distinto, y es posible que en esa pieza en concreto dé un acabado mejor.

Así pues, dando por sentado que el torneado, tras una práctica diligente, ha llegado a un grado razonable de eficiencia, y que ha torneado un objeto lo mejor que puede, tiene que examinarlo y juzgarlo sin contemplaciones. Está bien, o está mal: no hay puntos intermedios, y si le encuentra fallos, ése es el momento de subsanarlos. Para pulir se pone el papel de lija debajo del trabajo; el grueso del abrasivo va desde el intermedio al fino. Algunos torneros dan el último toque con lana de acero muy fina, pero esto no es imprescindible. Es bueno, en cambio, dar un bruñido final con un puñado de virutas (Fig. 2), y los puristas humedecen la madera y la dejan secar, dándole por último un lijado muy fino para eliminar el grano que se haya podido formar. El bruñido surte efectos beneficiosos, pero hay que cuidar de no levantar, junto con las virutas, algún objeto agudo, ni tampoco presionar con ellas muy fuerte en los bordes delgados, para no quemar la madera. Con todo esto, se habrá llegado a un acabado casi perfecto, quedando la madera lista para aplicarle ceras, lustres o el toque final que se desee.

Para mí, la cera de abeja es buena para rellenar poros, pero no la uso para lustrar porque me parece demasiado blanda. La aplico en bloque a la madera de vetas muy abiertas, pasando luego una bayeta presionada con fuerza, para derretirla y hacer que penetre en la madera. Con ello relleno los poros y queda preparada una base para el lustre, el cual, sin esa preparación, se absorbería demasiado deprisa. Existen dos tipos de cera de abejas: la refinada, de color blanco cremoso, o la de zapatero, que es marrón oscuro y más barata. Algunos preparan un lustre mezclando cera de abeja con trementina, tarea que a mí se me antoja una pérdida de tiempo. Yo prefiero tomar del desván la cera de lustrar suelos.

Los preparados tapaporos suelen ser muy útiles con las maderas de vetas abiertas. Se aplican abundantemente con un pincel o una bayeta y luego, una vez secos, se

Fig. 2 Un buen bruñido contribuye en gran medida a lograr un acabado aceptable.

frota la madera para quitar el sobrante. Es necesario a continuación un ligero lijado, con papel de grano muy fino.

Un tipo de lustre ideal para los trabajos torneados es el de fricción, del que existen dos variedades, incoloro y marrón. El que yo uso es el primero, con el que se pueden lograr excelentes resultados con un poco de práctica. La mejor manera de aplicarlo es parar el torno y untar la pieza abundantemente, dejar secar, dar una pasada de lija muy fina, y luego echar a andar el torno y seguir aplicando el lustre, esta vez con una «muñeca» hecha con un trozo de algodón embebido en el producto y envuelto en un trozo de paño. El brillo que se consigue es deslumbrante.

La cera carnaúba goza de mucha aceptación entre los principiantes, porque da mucho brillo rápidamente y es barata. Se tarda un poco en aprender a aplicarla y lustrar correctamente. El acabado puede llegar a ser muy bueno, pero es mejor no usarla para objetos que hayan de manipularse mucho, dado que el brillo que da es cualquier cosa menos duradero. Se aplica de la misma manera que la cera de abejas, tratando de extender una capa delgada y muy uniforme. También puede partirse en trozos y envolverlos en un trozo de paño para que el calor de la fricción la derrita, introduciéndola en la madera. Una vez aplicada, se puede lustrar con un paño limpio y seco, pero hay que dar la presión exacta. Una presión excesiva la derrite y hace que aparezcan estrías de suciedad en torno de la madera, mientras que si es escasa, la hace tomar un color blanquecino y no llega a alcanzar el brillo a que uno aspira.

Para el objeto verdaderamente importante y que tenga que pasar la prueba del tiempo, la clave es el poliuretano. Se tarda en aplicarlo correctamente, y hay que emparejar manualmente cada mano, pero se l
gra un brillo espléndido, sobre todo si
última capa es más fina. Si se desea, s
puede cortar esa última mano con lana d
acero muy fina, para darle ese toque mat
escandinavo que está tan en boga.

Bueno, pero esto es todo. He terminado,
lo siento, porque creo que me he dejad
muchas cosas en el tintero. Pero esto
convencido de que, si sigue las instruccio
nes contenidas en este libro, el aprendi
obtendrá resultados que le satisfarán. Só
lo me cabe esperar que encuentre el hon
do placer y la satisfacción que a mí me h
proporcionado este antiguo oficio de l
tornería.

Diseños

Candelero 1

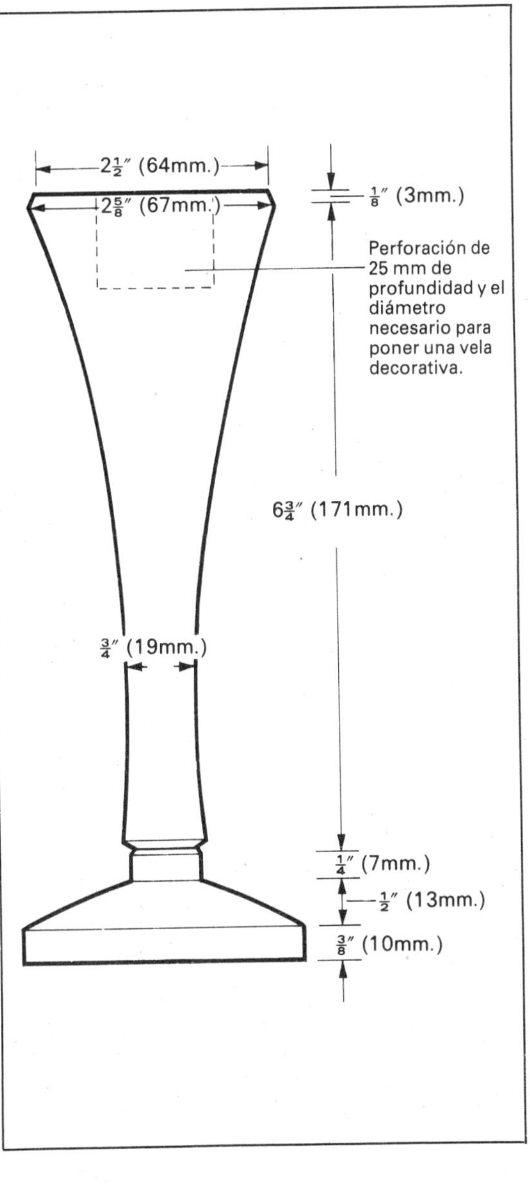

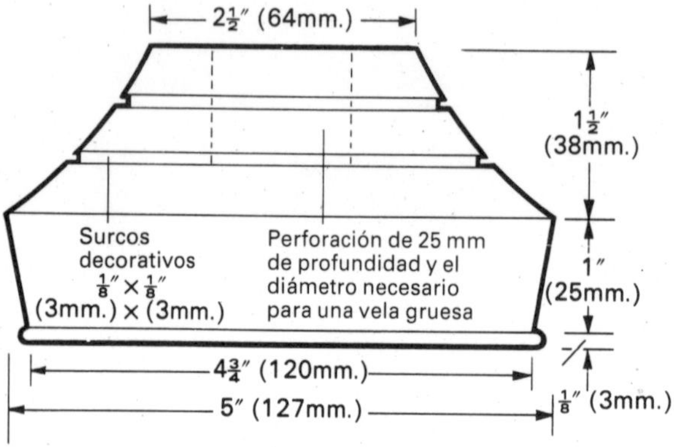

Candelero 2, para velas modernas, gruesas y coloreadas

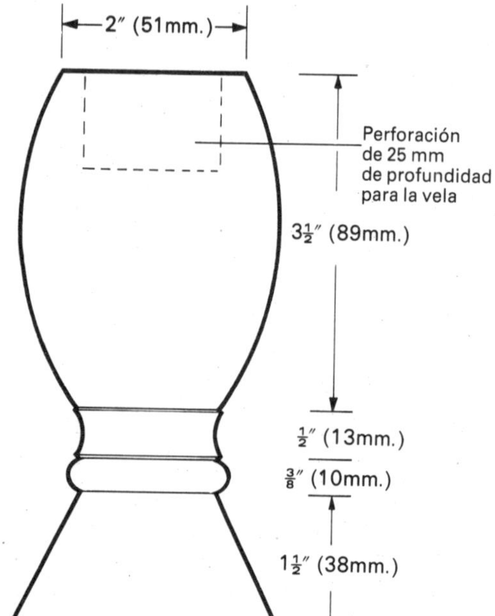

Candelero 3, de madera de afrormosia

Tres diseños de lámparas de mesa

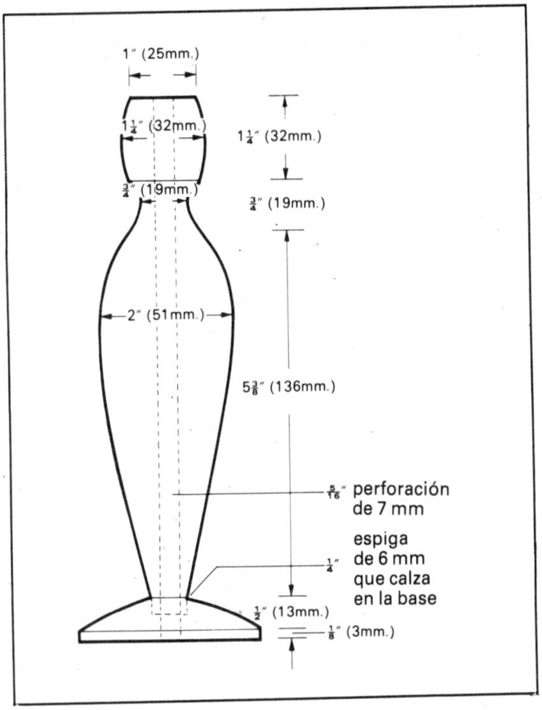

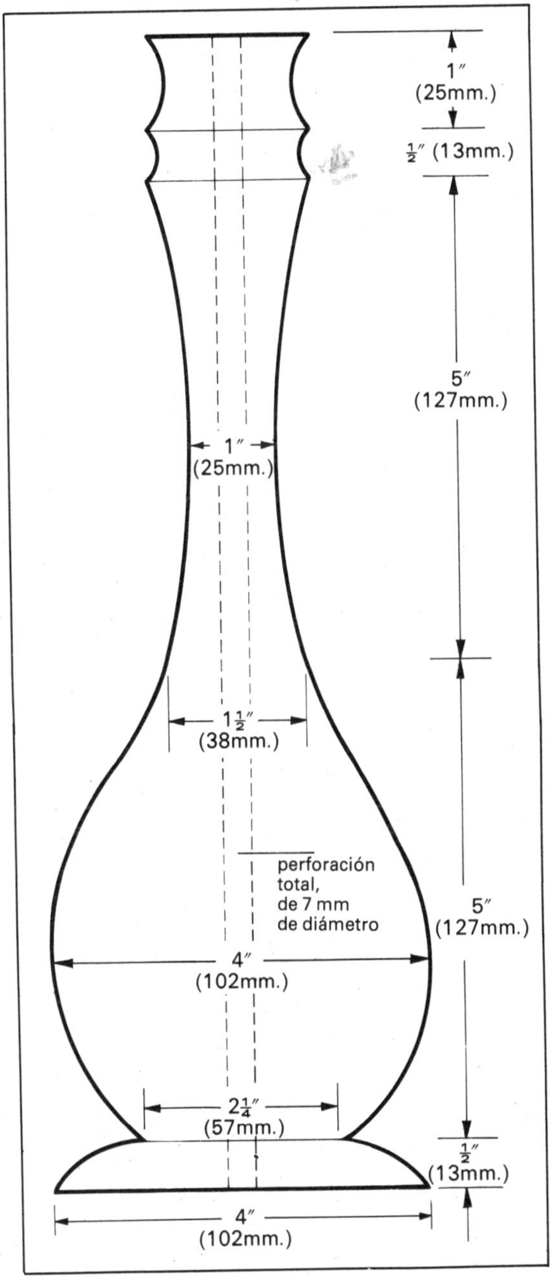

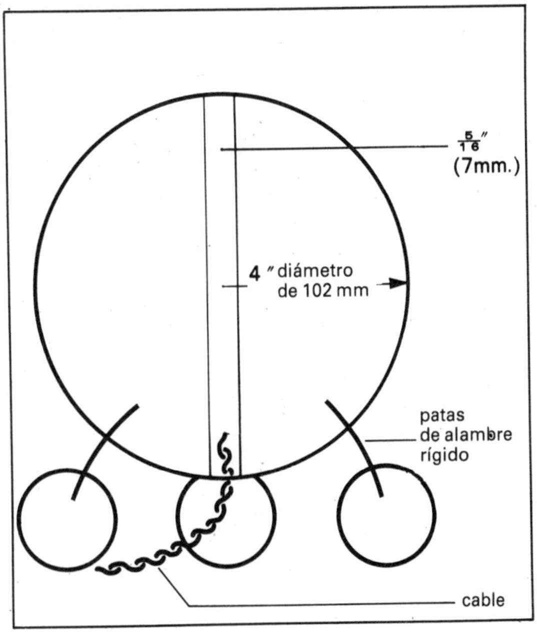

Derecha: Ejercicio de torneado esférico. Todos los orificios tienen que ser radiales.

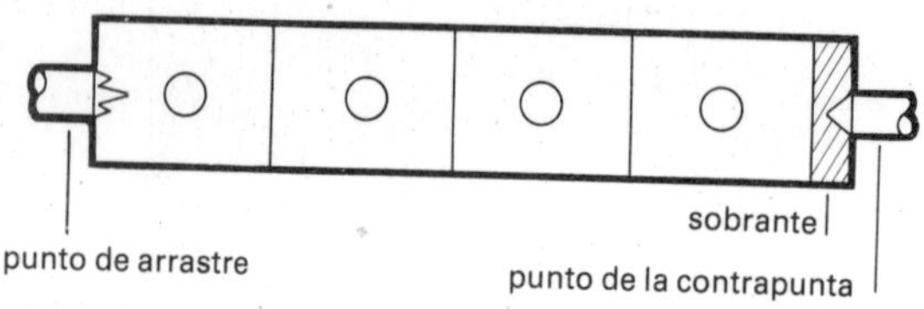

Fig 1 Barra de fresno de sección cuadrada de 76 mm, marcada y con perforaciones de 25 mm de profundidad y lo mismo de diámetro, lista para tornear. Se hace primero un cilindro y por las marcas se pasa el escoplo separador, cortando hasta que quede un centro de aproximadamente 25 mm de espesor.

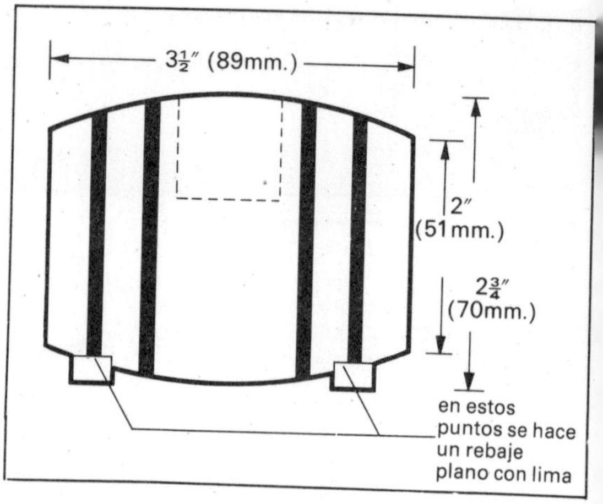

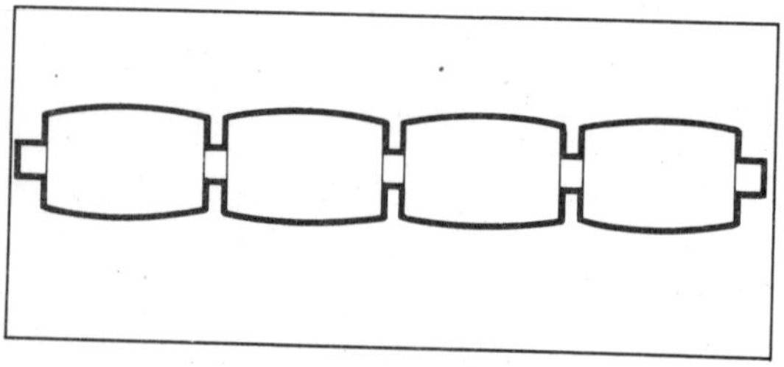

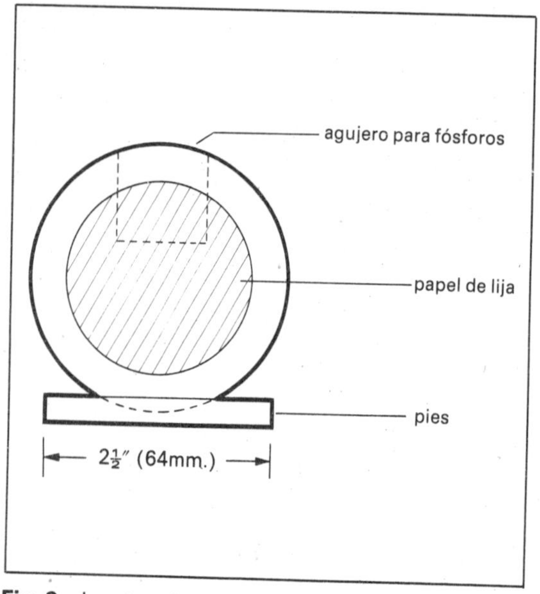

Fig. 2 Los toneles se tornean con el formón oblicuo sostenido encima del trabajo. Las bandas negras se hacen chamuscando la madera con la espiga de una lima puesta entre el trabajo y el apoyo de herramientas. Se separan las piezas con la sierra de cinta o el serrucho de mano y se lijan los extremos.

A Se marca el bloque en segmentos, se busca el centro de cada uno y se perfora un orificio de 25 mm de profundidad y lo mismo de diámetro. El bloque está ya montado firmemente en el torno y listo para trabajarlo.

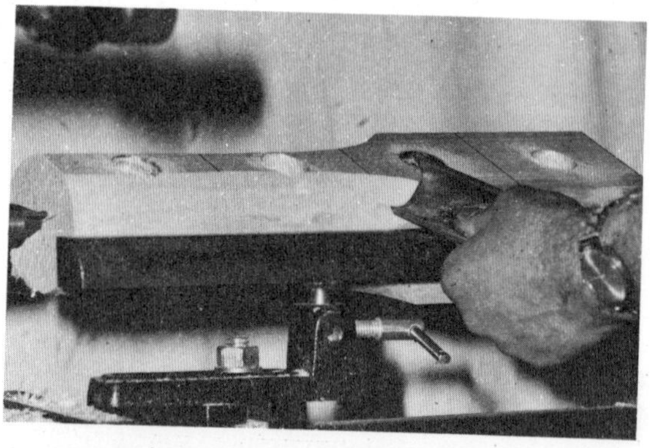

B Con una gubia grande de desbastar semicircular, se reduce el bloque a un cilindro. Nótese el ángulo en que se sostiene la herramienta.

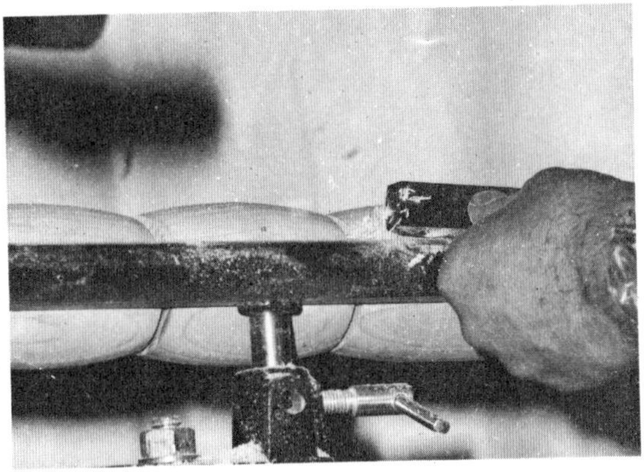

C Se han hecho cortes con el escoplo separador, para separar los toneles, dejando en el centro un espesor de madera suficiente para que el trabajo se mantenga firme. Ahora se modelan las piezas con un formón oblicuo de 5 cm.

F Los barriles separados. La operación es muy rápida es la sierra de cinta.

D Chamuscado de los «zunchos». Se hace poniendo entre el trabajo y el apoyo de herramientas la espiga de una lima o escofina y ejerciendo una acción de palanca.

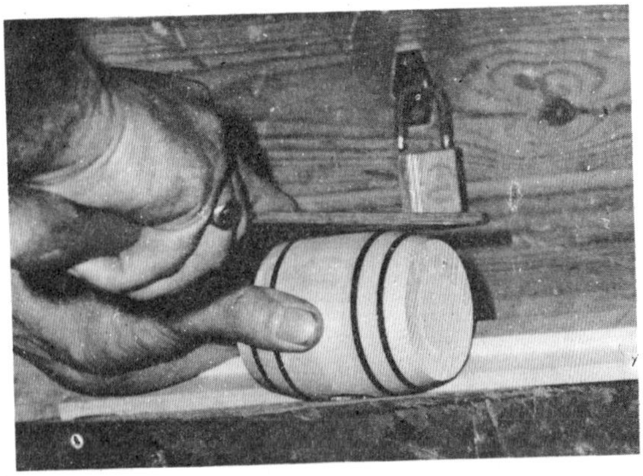

G Con una lima se hacen dos rebajes planos para colocar los pies. Es mejor hacerlo con algún accesorio apropiado.

E izquierda Los toneles torneados y decorados, listos para separarlos.

BIBLIOTECA DE LA MADERA Y EL MUEBLE

Títulos publicados

- **Cómo construir el mueble moderno**
- **Cómo construir muebles por elementos**
- **Muebles tapizados**
- **Carpintería de taller y de armar**
- **175 modelos de Carpintería**
- **Práctica del chapeado de la madera**
- **Práctica del tapizado**
- **Práctica de carpintería y ebanistería**
- **Restauración de muebles**
- **Práctica del torneado de la madera**
- **Uniones y ensambles de la madera**
- **200 recursos en el trabajo de la madera**
- **Acabados de la madera**
- **224 modelos de puertas**
- **260 modelos de ventanas**

ENCICLOPEDIA DE LAS ARTESANIAS

Títulos publicados

- **Tejido creativo**
- **Bordado en cañamazo**
- **Cerámica creativa**
- **El arte del papel maché**
- **Talla y dorado de la madera**
- **Cerámica al torno**
- **Cerámica a mano**
- **Trabajo del cuero**
- **Bisutería de peltre**
- **Cestería natural**
- **Arte y técnica del macramé**
- **Torneado creativo de la madera**
- **Cómo hacer muñecas**
- **Práctica de la talla de la madera**
- **Tapices creativos**
- **Decoración floral duradera**
- **Patchwork creativo**
- **Cómo hacer belenes**